味道
书院

酸 味

味道书院编委会 编著

中国大百科全书出版社

图书在版编目（CIP）数据

酸味 / 味道书院编委会编著. -- 北京 : 中国大百科全书出版社，2025. 1. --（味道书院）. -- ISBN 978-7-5202-1689-0

Ⅰ. TS264-49

中国国家版本馆 CIP 数据核字第 2025WQ3087 号

总 策 划：刘　杭　郭继艳
策划编辑：崇　岩
责任编辑：崇　岩
责任校对：梁嬿曦
责任印制：王亚青
出版发行：中国大百科全书出版社有限公司
地　　址：北京市西城区阜成门北大街 17 号
邮政编码：100037
电　　话：010-88390811
网　　址：http://www.ecph.com.cn
印　　刷：唐山富达印务有限公司
开　　本：710mm×1000mm　1/16
印　　张：10
字　　数：100 千字
版　　次：2025 年 1 月第 1 版
印　　次：2025 年 1 月第 1 次印刷
书　　号：ISBN 978-7-5202-1689-0
定　　价：48.00 元

——— 总　序

　　这是一套面向大众、根植于《中国大百科全书》第三版（以下简称百科三版）的百科通俗读物。

　　百科全书是概要记述人类一切门类知识或某一门类知识的完备的工具书。它的主要作用是供人们随时查检需要的知识和事实资料，还具有扩大读者知识视野和帮助人们系统求知的教育作用，常被誉为"没有围墙的大学"。简而言之，它是回答问题的书，是扩展知识的书。

　　中国大百科全书出版社从1978年起，陆续编纂出版了《中国大百科全书》第一版、第二版和第三版。这是我国科学文化建设的一项重要基础性、标志性、创新性工程，是在百年未有之大变局和中华民族伟大复兴全局的大背景下，提升我国文化软实力、提高中华文化国际影响力的一项重要举措，具有重大的现实意义和深远的历史意义。

　　百科三版的编纂工作经国务院立项，得到国家各有关部门、全国科学文化研究机构、学术团体、高等院校的大力支持，专家、学者5万余人参与编纂，代表了各学科最高的专业水平。专家、作者和编辑人员殚精竭虑，按照习近平总书记的要求，努力将百科三版建设成有中国特色、有国际影响力的权威知识宝库。截至2023年底，百科三版通过网站（www.zgbk.com）发布了50余万个网络版条目，并陆续出版了一批纸质版学科卷百科全书，将中国的百科全书事业推向了一个新的高度。

　　重文修武，耕读传家，是我们中国人悠久的文化传承。作为出版人，我们以传播科学文化知识为己任，希望通过出版更多优秀的出版物来落实总书记的要求——推动文化繁荣、建设中华民族现代文明，努力建设中国式现代化强国。

为了更好地向大众普及科学文化知识，我们从《中国大百科全书》第三版中选取一些条目，通过"人居环境""科学通识""地球知识""工艺美术""动物百科""植物百科""渔猎文明""交通百科"等主题结集成册，精心策划了这套大众版图书。其中每一个主题包含不同数量的分册，不仅保持条目的科学性、知识性、准确性、严谨性，而且具备趣味性、可读性，语言风格和内容深度上更适合非专业读者，希望读者在领略丰富多彩的各领域知识之时，也能了解到书中展示的科学的知识体系。

衷心希望广大读者喜爱这套丛书，并敬请对书中不足之处给予批评指正！

《中国大百科全书》编辑部

——— "味道书院"丛书序

味道，是人类与环境世界互动的桥梁之一。它不仅赋予我们美食的享受，也是文化传承、情感交流以及生活体验的重要组成部分。从古至今，人们对味道有着无尽的好奇心和探索欲，"味道书院"丛书便是为满足这种好奇心而诞生。

这套丛书将带领读者走进一个丰富多彩的味道世界，探索那些我们日常所熟知的味道背后隐藏的秘密。书中详细解析了酸、甜、苦、辣、咸、香、臭这 7 种味道是如何被我们的感官捕捉，又是怎样影响着我们的生活选择与健康状态。每一种味道都有其独特的魅力和意义：酸不仅仅是醋的味道，它还能在一杯发酵乳酸饮料中唤醒你的清晨；甜不只是糖的甜蜜，它还能是家人团聚时的一块蛋糕带来的温馨；苦不是药物的专利，它能在一杯精心烘焙的咖啡中找到深邃与回味；辣，不仅是辣椒带来的热辣刺激，它还是中国饮食文化中的一个小小符号；咸是大海的味道，它能在一口鲜美的海鲜中让你感受到大自然的馈赠；香不是香水的专属，它还是花朵散发的让你陶醉的芬芳气息；臭不只是臭虫爬过后留下的令人皱眉的异味，它还是特定美食中承载的文化记忆与独特风味。

此外，"味道书院"丛书还特别关注现代社会中新兴的味道概念及其应用领域，如甜味剂这类人工调味品的研发进展，以及由谷氨酸等氨基酸引发的海鲜味道是如何被生产出来的，等等。这些内容不仅体现了科学技术的进步，也反映了人们对于愈加丰富多样的味觉体验的追求。

为了便于读者全面地了解味道的本质及其在生活中的广泛应用，编委会依托《中国大百科全书》第三版中食品科学与工程、化学、生物学、中医药、园艺学、渔业等多学科的权威内容，精心策划并推出了"味道书院"丛书。采用图文并茂的形式，将复杂的科学知识转化为易于理解的内容，适合广大读者阅读，为读者提供了一个深入了解和全面认识味道科学的平台。

味道书院丛书编委会

目 录

序 **酸味** 1

第1章 **酸味剂** 3

第2章 **酸味食物** 31

第3章　酸味发酵饮料　71

第6章 酸味药 117

酸味

酸味是氢离子刺激舌黏膜而引起的味感。五种基本味觉之一。在同一 pH 条件下，不同酸因阴离子不同，对味细胞的吸附方式不同，酸味的强度也不一样。pH 相同时，一般有机酸的酸味强度大于无机酸，不同酸的酸味强弱顺序为醋酸＞蚁酸＞乳酸＞草酸＞盐酸。

食品中常用的酸味物质有醋酸、柠檬酸、苹果酸、酒石酸、乳酸、抗坏血酸、葡萄糖酸、磷酸等。食品中的酸味大部分来自有机酸，以柠檬酸最普遍。苹果酸、富马酸、酒石酸也是水果中常见的有机酸，但食品加工中并不普遍采用。发酵性酸奶、泡菜中的酸为乳酸，有特殊风味。可乐中的无机酸——磷酸，是该类型饮料的主要特点之一，酸味适当，不仅可以给人以清新感，且能够解渴。

第1章 酸味剂

酸味剂是指能够赋予食品酸味的食品添加剂，是酸度调节剂的一种。酸味剂可分为有机酸和无机酸两大类。食品中天然存在的酸味剂主要是有机酸，如柠檬酸、酒石酸、苹果酸、乳酸、抗坏血酸、延胡索酸、葡萄糖酸等。无机酸主要有磷酸、盐酸、冰乙酸等。

酸味剂作为食品中的主要调味料，具有增进食欲、促进消化吸收的作用。另外，酸味剂还具有提高酸度防止食品腐败、复配使用改善食品风味、防止果蔬褐变、缓冲溶液、螯合金属离子等作用，具体如下。①赋予酸味，调和风味。酸味给人以爽快的刺激，酸味剂常与其他调味剂配合使用，以调节食品的口味，使食品具备最佳的风味和口感。如在果蔬加工时，糖酸比配合适当，可明显改善其风味并掩盖某些不良风味，还可改善杀菌条件，在食品生产工艺中发挥重要作用。某些酸味剂具有天然水果的香味，可作为香料辅助剂应用于调香。如酒石酸可以增强葡萄的香味，苹果酸可以增强许多水果和果酱的香味，磷酸可以增强可乐饮料的香味。②调节 pH，抑菌防腐。酸味剂可控制食品体系的酸碱性，使其达到适当的标准来稳定产品的质量。在一些糖酸型凝胶、果冻、软糖和果酱产品中，常添加一些酸味剂，使产品获得良好的黏弹性。微生物在低 pH 条件下难以维持生命活动，故酸味剂可以抑制微生物的繁殖，从而起防腐作用。一些酸黄瓜、酸白菜等酸渍食品即通过加入食醋防腐保鲜，增加风味。③防止氧化或褐变反应。大部分酸味剂具有金属螯合作用，能够与某些金属离子发生络合反应，降低金属离子的氧化催化作用，减缓食品的氧化速度。如柠檬酸能够增强抗氧化剂的抗氧化作用，延缓油脂酸败；通过加入酸味剂可降低果蔬 pH 值，起抑制褐变、护色的作用。另外，某些酸味剂具有还原性，如抗坏血酸在水果、蔬菜制品的加工中可以作为护色剂，在肉类加工产品中可作为护色助剂。

酸味剂作为重要的食品添加剂，广泛应用于食品工业。柠檬酸是食品工业中用量最大的酸味剂，是饮料、糖果及罐头中常用的食品添加剂。在有机酸市场中，柠檬酸市场占有率达 70% 以上。磷酸是美国饮料行业使用的第二大酸度调节剂，主要用于可乐类饮料中，可以和可乐型香精很好地混合。乳酸菌发酵产生大量乳酸，对于人类健康有一定的帮助（乳酸被美国食品药品监督局确认为安全优良的防腐剂和腌渍剂），可以用于清凉饮料、糖果、糕点的生产。

随着消费者对天然、健康、营养、安全的食品的需求，人们越来越广泛关注食品酸味剂的安全使用。因此，开发天然的食品酸味剂和确定其安全使用范围是今后研究酸味剂的主要方向。酸味剂的生产方法也从传统的提取法和化学合成法向天然、安全的生物发酵法、酶工程法等生物技术法发展。

甲 酸

甲酸是最简单的羧酸,分子式 HCOOH。又称蚁酸,因最早由蒸馏赤蚁获得,故得名。其在自然界分布很广,并常以游离状态存在,如在赤蚁、蜂、毛虫的分泌物中;某些植物如荨麻、蝎子草、松针和一些果实(如绿葡萄),以及人体的肌肉、皮肤、血液和排泄物中也含有甲酸。

有刺激臭味的无色液体,有很强的腐蚀性,能刺激皮肤起泡;熔点 8.3℃,沸点 101℃,相对密度 1.220(20/4℃);能与水、醇、醚混溶。甲酸的性质与其他羧酸有所不同,甲酸的羧基直接与氢原子相连,既可看成是一种羧酸,又可看成是一种羟基醛,它同时具有羧酸和醛的某些性质。例如,甲酸具有酸性,而且比同系列中其他酸的酸性都强,能生成盐和酯,体现了羧基的性质;另一方面,它与醛类似,具有还原性,例如能使硝酸银的氨水溶液(称为土伦试剂)还原成金属银,能使高锰酸钾褪色,这些反应也可作为检验甲酸的方法。甲酸不很稳定,较易脱羧,加热至 160℃ 即分解成二氧化碳和氢气。甲酸与浓硫酸共热,则分解成一氧化碳和水。实验室里常用此法来制备少量高纯度的一氧化碳。

甲酸的工业制法是用粉状的氢氧化钠与一氧化碳在 120～130℃ 和 6～8 大气压下反应,首先生成甲酸钠,然后将干燥的甲酸钠加到浓硫酸和甲酸的混合液中,再经减压蒸馏,即得无水甲酸。实验室制法是将草酸和甘油于 110℃ 共热,先生成草酸的一元甘油酯,再失去二氧化碳而生成甲酸的一元甘油酯,最后水解成甘油和甲酸,经蒸馏得最高含量为 77% 的甲酸水溶液,即甲酸与水的共沸物。

甲酸是常用的消毒剂和防腐剂,还可用于制药和有机合成。甲酸可直接用于织物加工、鞣革、纺织品印染和青饲料的储存，也可用作金属表面处理剂、橡胶助剂和工业溶剂。

醋　酸

醋酸是分子中含有两个碳原子的饱和羧酸，分子式 CH_3COOH。醋酸是醋的主要成分。又称乙酸。

◆ **发现**

中国古代就有关于制醋的记载。1788 年法国化学家 A.-L. 拉瓦锡确定了乙酸是由空气氧化乙醇产生的；1789 年俄国化学家 T.Y. 洛维茨制得结晶的乙酸，并称之为冰醋酸；1844 年德国化学家 H. 科尔贝全合成了乙酸，这是用纯化学方法合成有机化合物的一个重要例子。

◆ **存在**

乙酸在自然界分布很广。例如，在水果或植物油中，主要以酯的形式存在；在动物的组织内、排泄物和血液中以游离酸的形式存在。许多微生物可以将不同的有机物通过发酵转化为乙酸。

◆ **性质**

纯乙酸为无色液体，有刺激性臭味；熔点 17℃，沸点 117.9℃，相对密度 1.0492（20/4℃）。纯乙酸在 16℃ 以下时，能结成冰状的固体，所以常称为冰醋酸。乙酸易溶于水、醇、醚和四氯化碳，不溶于二硫化碳。当水加到乙酸中，混合后的总体积变小，密度增加，直至分子比为 1∶1，相当于形成一元酸的原乙酸 $CH_3C(OH)_3$，进一步稀释，不再发生上述体积的改变。乙酸的水溶液是一个典型的弱电离酸（电离常数为

1.75×10^{-5}）。

◆ **制法**

发酵法

利用淀粉发酵所得的淡酒液（含 6%～9% 乙醇），在醋母菌的作用下，于 35℃ 左右进行发酵，淡酒液就被空气氧化成醋。中国是用米或酒来酿醋的，由米制成的称为米醋，由酒制成的称为酒醋，其本质一样，因为由米制醋也是要通过成酒的过程。醋中除含有 3%～6% 的乙酸外，尚含有其他有机酸、酯类和蛋白质。发酵法主要用米制食用醋。

合成法

工业生产乙酸的主要方法。

①以乙醛为原料。乙醛在乙酸锰、乙酸钴催化下，于 50～80℃、8～10 大气压下，与空气进行液相氧化，即可形成乙酸。

②以甲醇为原料，甲醇在钴催化剂存在下，与一氧化碳于 215℃、138 大气压下进行反应，即可直接合成乙酸。若用铑络合催化剂，反应可在较低的温度和压力（150～200℃，33～65 大气压）下进行。

③以丁烷或丁烯为原料。用丁烷为原料，以乙酸锰、乙酸钴作催化剂，在 10～54 大气压下和 95～100℃ 经空气氧化，首先生成乙酸和丁酸的混合物，后者继续氧化也生成乙酸；如用丁烯作原料，首先生成乙酸仲丁酯，后者再进一步氧化生成乙酸。

◆ **应用**

乙酸的工业用途极广，主要用于制造聚乙酸乙烯酯和纤维素乙酸酯（又称醋酸纤维）。聚乙酸乙烯酯可制成薄膜和黏合剂，也是合成纤维维纶的原料。纤维素乙酸酯可制造人造丝和电影胶片。乙酸另一主要用途是合成酯，低级醇形成的酯是优良的溶剂，广泛用于油漆工业。乙酸是氧化反应的良好溶剂。它是对二甲苯氧化生产对苯二甲酸的优良溶剂。乙酸也是有机合成工业的重要原料，由它可以合成乙酸酐、丙二酸二乙酯、乙酰乙酸乙酯、卤代乙酸等；也可制造药物如阿司匹林、农药 2,4-滴、巴黎绿等。许多乙酸盐在工业生产中也有应用，如乙酸铝是媒染剂，也是医药用的消毒和收敛剂，乙酸铅是油漆颜料；四乙酸铅是有机合成试剂，它可使 1,2- 二醇氧化成醛或酮；乙酸钠、乙酸钾为弱酸盐，是生物化学上普遍应用的缓冲剂。

乙酸是一种强腐蚀性的有机酸，常储存在铝制槽内，由于乙酸熔点较高，且在凝固时体积膨胀，有使容器胀裂的潜在危险，故储槽和输送管道常有保温设施。

食　醋

食醋是含醋酸的酸性调味料。

◆ 分类

食醋有以下几种分类方式。①按原料分类。用粮食作为原料酿制的食醋称为粮食醋或米醋；以麸皮为原料酿制的食醋称为麸醋；用薯类原料酿制的食醋称为薯干醋；以含糖物质，如糖稀、废糖蜜、糖渣、蔗糖等为原料酿制的食醋称为糖醋；用果汁或果酒酿制的食醋称为果醋；用白酒、酒精或酒糟等酿制的食醋称为酒醋；用冰醋酸加水兑制的食醋称为醋酸醋；用野生植物及中药材等配制的食醋称为代用原料醋。②按原料处理方法分类。以粮食为原料制醋，因原料的处理方法不同可分为生料醋和熟料醋。粮食原料不经过蒸煮糊化处理，直接用来制醋，酿制的食醋称为生料醋；经过蒸煮糊化处理的原料酿制的食醋称为熟料醋。③按生产工艺分类。以麸皮和谷糠为原料，纯培养的曲霉菌制成麸曲做糖化剂，以纯培养的酒精酵母做发酵剂酿制的食醋称为麸曲醋。老法曲醋是以大麦、小麦、豌豆为原料制的麦曲，为野生菌自然培育制成的糖化曲。

◆ 工艺

醋酸菌在含乙醇的培养基上生长繁殖，代谢过程中产生以醋酸为主的各种有机酸。以糯米、大米（粳米）、高粱、小米、碎米、玉米、甘薯、甘薯干、马铃薯、马铃薯干等淀粉质原料生产食醋，需要经过淀粉糖化、酒精发酵、醋酸发酵三个生化阶段；以含糖原料酿造食醋要经过酒精发酵和醋酸发酵两个生化阶段；以乙醇为原料时，只需要醋酸发酵一个生化阶段。

◆ 作用

成分中除醋酸外，还有糖分、氨基酸等营养物质，使食醋成为酸、甜、咸、鲜各种味道协调的调味品，可增加食欲。烹调过程中适当添加食醋，不但可使菜肴脆嫩爽口，还可保护维生素 C 和其他营养成分不受破坏或少受破坏。食醋还具有很多食疗作用：消化不良的人食用食醋可以帮助消食化积；夏季食用食醋可以预防肠道疾病的发生；把食醋放在房间内加热挥发，对呼吸道疾病和流行感冒有防治作用；长期食用食醋和冰糖浸泡的花生米，可以帮助软化血管，降低胆固醇；食醋还可以驱逐胆道蛔虫。此外对失眠、扭伤、便秘、晕眩等病症均有一定的辅助治疗作用。

粮谷醋

粮谷醋是以谷类或薯类为主要原料制成的酿造醋。根据原料和生产工艺不同，可将粮谷醋分为以下几类。①陈醋。以高粱等为主要原料，大曲为发酵剂，采用固态醋酸发酵，经陈酿而成的粮谷醋。②香醋。以糯米为主要原料，小曲为发酵剂，采用固态分层醋酸发酵，经陈酿而成的粮谷醋。③麸醋。以麸皮为主要原料，采用固态发酵工艺酿制而成的粮谷醋。④米醋。以大米（糯米、粳米、籼米，下同）为主要原料，采用固态或液态发酵工艺酿制而成的粮谷醋。⑤谷薯醋。以谷类（大米除外）或薯类为原料，采用固态或液态发酵工艺酿制而成的粮谷醋。⑥熏醋。将固态发酵成熟的全部或部分醋醅，经间接加热熏烤成为熏醅，再经浸淋而成的粮谷醋。

草　酸

草酸是最简单的二元羧酸，分子式 HOOCCOOH。又称乙二酸。其广泛存在于自然界，特别是植物中，如草本植物、大黄属植物、酢浆草、菠菜等，并常以钾盐的形式存在。在人或肉食动物的尿中，草酸以钙盐或草尿酸 HOOCCONHCONH$_2$ 的形式存在。此外，肾或膀胱结石中也含有草酸钙。

草酸为无色晶体；熔点 α 型 189.5℃，β 型 182℃；在 100℃ 以下开始升华，达 125℃ 时升华迅速；易溶于水，能溶于乙醚。商品草酸含有两分子结晶水；无色结晶；熔点 101.5℃，加热至 100℃ 可失去结晶水；微溶于乙醚。草酸分子中两个羧基直接相连，具有一些特殊性质。例如，草酸具有还原性，可使高锰酸钾还原成二价锰。这一反应在定量分析中被用作测定高锰酸钾浓度的方法。草酸用作纤维、油脂和制革工业的漂白剂，也是利用它的还原性。草酸受热发生脱羧脱水，最后生成二氧化碳、一氧化碳和水。草酸能与许多金属形成溶于水的络合物。

工业上生产草酸的方法，是利用一氧化碳与氢氧化钠作用，首先生成甲酸钠，再经迅速加热至 300℃，即转变成草酸，并放出氧气。若将木屑等碳水化合物与浓氢氧化钠水溶液于 240～285℃ 共热，也可生成草酸钠。在钒催化下，碳水化合物经浓硝酸氧化，最终产物也是草酸。反应过程中形成的氮氧化物可转变成硝酸，循环使用。

在工业上草酸可用来清除冷凝系统中积聚的铁锈，也可作铁锈、墨水迹的清洗剂和金属的抛光剂。草酸锑可作媒染剂。草酸铁铵是印制蓝图的药剂。草酸钙不溶于水，定量分析中利用这一性质来测定钙或草酸的含量。草酸还可作稀土元素的沉淀剂，借以提取和纯化稀土元素。

乳 酸

乳酸学名 2-羟基丙酸，分子式 $CH_3CHOHCOOH$。

存在于酸牛奶和血液中，肌肉运动时也生成乳酸。乳酸是一个最有代表性的光活性化合物，它含有一个手性碳原子，存在两种对映异构体。

乳酸吸湿性强，一般呈浆状液体，若经减压蒸馏和分步结晶，可得纯晶体。相对密度 1.2060（21/4℃）。右旋体和左旋体的熔点都是

53℃，外消旋体的熔点为 16.9℃。

乳酸分子中存在羟基和羧基，具有这两种官能团的性质，它既能与醇生成乳酸酯，又能与酸酐生成羧酸酯。在脱水剂存在下，两分子乳酸间的羟基和羧基彼此进行酯化，生成丙交酯。

乳酸经温和氧化生成丙酮酸；如经强烈氧化，则发生碳链断裂，生成乙醛、二氧化碳和水。

左旋乳酸可由葡萄糖经乳酸杆菌发酵产生，乳酸的外消旋体可由酸牛奶中取得或合成制得。

乳酸不挥发、无气味，广泛用作食品工业的酸性调味剂。它的酸性较强，医药上用作防腐剂，还可作皮革生产中的除钙剂。乳酸钙是医药上的补钙剂。乳酸酯是硝化纤维的溶剂。

柠檬酸

柠檬酸是以淀粉或糖质为原料经微生物发酵制成的一种重要的有机酸。又称枸橼酸。柠檬酸为无色晶体，常含一分子结晶水，无臭，有很强的酸味，易溶于水，其钙盐在冷水中比热水中易溶解，此性质常用来鉴定和分离柠檬酸。结晶时控制适宜的温度可获得无水柠檬酸。

柠檬酸

◆ 生产简史

在植物如柠檬、柑橘、菠

萝等果实和动物的骨骼、肌肉、血液中都含有柠檬酸。1784 年 C.W. 舍勒首先从柑橘中提取柠檬酸。发酵法制取柠檬酸始于 19 世纪末。1893 年 C. 韦默尔发现青霉（属）菌能积累柠檬酸。1913 年 E.B. 扎霍斯基报道黑曲霉能生成柠檬酸。1916 年 C. 汤姆和 J.N. 柯里以曲霉属菌进行试验，证实大多数曲霉菌如泡盛曲霉、米曲霉、温氏曲霉、绿色木霉和黑曲霉等都具有产柠檬酸的能力，而黑曲霉的产酸能力更强。1923 年美国建造了世界上第一家以黑曲霉浅盘发酵法生产柠檬酸的工厂。随后比利时、英国、德国、苏联等相继研究成功用发酵法生产柠檬酸。1950 年前，柠檬酸采用浅盘发酵法生产。1952 年美国迈尔斯实验室采用深层发酵法大规模生产柠檬酸。此后，深层发酵法逐渐建立，并成为柠檬酸生产的主要方法。

中国用发酵法制取柠檬酸以 1942 年汤腾汉等报告为最早。1952 年陈声等开始用黑曲霉浅盘发酵制取柠檬酸。1966 年后，天津市工业微生物研究所、上海市工业微生物研究所相继开展用黑曲霉进行薯干粉原料深层发酵柠檬酸的试验研究，并获得成功，从而确定了中国柠檬酸生产的这一主要工艺路线。

随着生物技术的进步，2017 年全世界柠檬酸产量已达 254.4 万吨。中国 2016 年产量约 116 万吨。在柠檬酸发酵技术领域，由于高产菌株的应用和新技术的不断开拓，柠檬酸原料结构、发酵和提取收率都有明显改变和提高。

◆ 生产过程

柠檬酸生产分发酵和提取两部分。

柠檬酸的发酵因菌种、工艺、原料而异，但在发酵过程中还需掌握一定的温度、通风量及 pH 等条件。一般认为，黑曲霉适合在 28 ～ 30℃ 时产酸。温度过高会导致菌体大量繁殖，糖被大量消耗以致产酸降低，同时还生成较多的草酸和葡萄糖酸；温度过低则发酵时间延长。微生物生成柠檬酸要求低 pH，最适 pH 为 2 ～ 4，这不仅有利于生成柠檬酸，减少草酸等杂酸的形成，同时可避免杂菌的污染。

在柠檬酸发酵液中，除主要产物外，还含有其他代谢产物和一些杂质，如草酸、葡萄糖酸、蛋白质、胶体物质等，成分十分复杂，必须通过物理和化学方法将柠檬酸提取出来。大多数工厂仍采用碳酸钙中和及硫酸酸解的工艺提取柠檬酸。此外，还研究成功树脂吸附离子交换法提取柠檬酸。

◆ 应用

柠檬酸的用途十分广泛。柠檬酸产量的 70% 用作食品加工的调味剂。一分子结晶水柠檬酸主要用作清凉饮料、果汁、果酱、水果糖和罐头等的酸性调味剂，也可用作食用油的抗氧化剂。无水柠檬酸大量用于固体饮料。柠檬酸的盐类如柠檬酸钙和柠檬酸铁是某些需要添加钙离子和铁离子的食品的强化剂。柠檬酸的酯类，如柠檬酸三乙酯可作无毒增塑剂，制造食品包装用塑料薄膜。可通过释放氢离子，降低食品的 pH，有抑制微生物的作用，可增强杀菌效果。与金属离子的螯合能力较强，可用作金属螯合剂。可用作色素稳定剂，防止果蔬褐变。可增强抗氧化剂的抗氧化作用，延缓油脂酸败。与蔗糖并用，加热时可促使蔗糖转化，既可防止食品中蔗糖析晶、返砂，又易使食品吸湿。但柠檬酸与防腐剂山梨酸钾、苯甲酸钠等溶液同时添加，会形成难溶于水的山梨酸一苯甲酸结晶而降低防腐效果，必要时可分别先后添加。

酒石酸

酒石酸学名 2,3- 二羟基丁二酸，分子式 HOOCCH(OH)CH(OH) COOH。酒石酸氢钾存在于葡萄汁内，此盐难溶于水和乙醇，在葡萄汁酿酒过程中沉淀析出，称为酒石，酒石酸的名称由此而来。酒石酸主要以钾盐的形式存在于多种植物和果实中，也有少量是以游离态存在的。

酒石酸分子中含有两个（相同的）手性碳原子，存在右旋酒石酸、左旋酒石酸和内消旋酒石酸 3 种立体异构体。等量右旋酒石酸和左旋酒石酸的混合物的旋光度为零（性相互抵消），称为外消旋酒石酸。各种酒石酸均是易溶于水的无色结晶。

右旋酒石酸存在于多种果汁中，工业上常用葡萄糖发酵来制取。左旋酒石酸可由外消旋体拆分获得，也存在于马里的羊蹄甲的果实和树叶中。外消旋体可由右旋酒石酸经强碱或强酸处理制得，也可通过化学合成，例如由反丁烯二酸用高锰酸钾氧化制得。内消旋体不存在于自然界中，它可由顺丁烯二酸用高锰酸钾氧化制得。

酒石酸与柠檬酸类似，可用于食品工业，如制造饮料。酒石酸和单宁合用，可作为酸性染料的媒染剂。酒石酸能与多种金属离子络合，可作金属表面的清洗剂和抛光剂。

酒石酸钾钠又称为罗谢尔盐，可配制费林试剂，还可作医药上的缓泻剂和利尿剂。酒石酸钾钠晶体具有压电性质，可用于电子工业。酒石酸锑钾为呕吐剂，又称吐酒石，并可治疗日本血吸虫病。

苹果酸

苹果酸学名羟基丁二酸，分子式 HOOCCHOHCH$_2$COOH。广泛存在于未成熟的水果如苹果、葡萄、樱桃、菠萝、番茄中。

苹果酸分子中含有一个手性碳原子，有两种对映异构体，即左旋苹果酸和右旋苹果酸。天然存在的为左旋苹果酸，为无色结晶；熔点100°C，加热至140°C 左右即分解成丁烯二酸；溶于水、乙醇、丙酮中。苹果酸含有羧基和羟基，具有这两种官能团的性质，例如与醇作用形成单酯或双酯。苹果酸不能形成酸酐，而易形成环状交酯。

由反丁烯二酸钙经延胡索酶发酵水合，首先生成左旋苹果酸钙，酸化后得左旋苹果酸。若将丁烯二酸经高温高压催化加水，可生成外消旋苹果酸。右旋苹果酸可由外消旋体拆分制得。

苹果酸无毒，广泛用于食品工业，如制造饮料。苹果酸钠是无盐饮食的调味品。苹果酸酯可作人造奶油和其他食用油脂的添加剂。苹果酸也是制造醇酸树脂的重要单体。

维生素 C

维生素 C 是主要用于治疗坏血病的一种与人体多种代谢有关的水溶性维生素。又称抗坏血酸。

维生素 C 是人体正常生长发育所必需的物质。人类不能合成及贮存维生素 C，需经常不断地由食物供给。缺乏维生素 C 可导致坏血病，严重者可导致死亡，但现已少见。

维生素 C 为六碳糖（己糖）衍生物，抗氧化剂。易脱氢而氧化形成脱氢维生素 C，其仍有活性。

维生素 C 在干燥条件下或酸性溶液中较稳定；在中性及碱性溶液中极不稳定；金属离子、光、热及潮湿可加速其破坏。植物组织中含有抗坏血酸氧化酶，能催化其氧化破坏。蔬菜水果贮存过久，则其中维生素 C 很易氧化损失。植物中多酚类化合物，能保护维生素 C，刺梨、枣、沙棘中含有大量此类物质，其中维生素 C 较稳定。

◆ **生理功能**

①是胶原生物合成中必需的物质。胶原是组成皮肤、肌腱、骨骼、软骨及结缔组织的主要蛋白质，有助于伤口愈合。②参与儿茶酚胺合成和酪氨酸代谢。③参与金属离子代谢。维生素 C 有很强的还原性和螯合性，与许多金属离子的吸收、转运、分布都有关系，如膳食中富含维生素 C，使 Fe^{3+} 还原为 Fe^{2+}，铁的吸收率可增加 $2\sim4$ 倍；能和有毒的镉螯合，减少其吸收。④参与类固醇、药物或毒物的羟化反应。维生素 C 能促进胆固醇转化为胆汁酸，使血胆固醇含量下降。也能促进药物或毒物的羟化而解毒。⑤加速细胞内环状核苷酸的合成，减少其分解，以及阻断体内亚硝基化合物形成，故有预防癌症的作用。⑥减低血中组织胺的含量。血中组织胺过高，可引起过敏症状，如支气管哮喘等。⑦强抗氧化剂。它还预防心脑血管等疾病，能预防白内障、高血压、高血脂，能清除自由基。⑧有利于干扰素及免疫球蛋白的合成，增强人体的免疫系统抗病能力。

◆ 推荐摄入量

人体每千克体重约需 0.5 毫克，成人每日摄入 45 毫克即可维持适当水平，多数人认为摄入量低于 6.5 毫克时可发生缺乏症状。各国膳食供给量差异较大，在 30～200 毫克，中国 2000 年建议的推荐摄入量（毫克 / 日）：14 岁以上及成人 100；怀孕 4 个月以上的孕妇和哺乳母亲 130；婴幼儿和儿童 40～90。食牛奶的乳儿及老年人应注意补充维生素 C。

◆ 维生素 C 缺乏症

人工喂养的婴儿及成人的食物中长期缺乏新鲜蔬菜和水果者，可因为维生素 C 缺乏引起坏血病。由于结缔组织形成不良，以致毛细血管管壁不健全，脆性增加，易于出血，常见牙龈、皮肤、皮下、肌肉、关节、内脏、黏膜等处的出血。骨骼病变为骨骼下出血及骨质疏松等。患者还可以有倦怠、乏力、食欲差、生长延缓、烦躁不安、消化不良、贫血、抵抗力弱、易感染等。慢性边缘性维生素 C 缺乏表现为血浆维生素 C 浓度下降、倦怠、疲劳、血胆固醇和甘油三酯不正常等。经常食用维生素 C 含量丰富的新鲜蔬菜和水果可防治维生素 C 的缺乏。

◆ 高剂量的副作用

维生素 C 很少引起毒性，但大剂量可使草酸排泄增加甚至形成结石。中国 2000 年提出的可耐受最高摄入量，婴儿、儿童及少年为推荐摄入量的 10 倍，即 400～900 毫克 / 日；14 岁以上，包括孕妇、乳母和老年人为 1000 毫克 / 日。

◆ **营养水平鉴定**

根据膳食中摄入水平、临床症状及测定血浆中含量可反映膳食摄入维生素 C 的情况；测定白细胞及血小板中的含量能反映机体内维生素 C 营养水平，不受短期摄入的影响；还可测负荷实验，测尿中排出量，以判断机体营养状况。

◆ **食物来源**

主要存在于新鲜蔬菜水果中，中国野果如刺梨、中华猕猴桃、沙棘、酸枣等含量较高，柑橘类次之。绿色蔬菜，尤其是能生食的蔬菜是好的来源。豆类含量也较多。烹调加工时损失较多，烹调时间宜短，罐头和果汁中维生素 C 完全丢失。

◆ **临床应用**

①治疗坏血病的特效药。②中国用于心肌病的治疗。③防治动脉粥样硬化。因和脂类代谢有关，所以维生素 C 缺乏时，血脂升高，补充后则降低，还能使动脉斑块中胆固醇溶解，血管韧性增加；不易发生血栓等。④预防癌症。流行病学资料显示，癌症发病率与维生素 C 摄入量成反比，其防癌机理是：阻断致癌性亚硝基化合物合成；使病毒失去活性；破坏致癌物；提高机体免疫功能等。⑤其他。防治感冒。辅助治疗各种传染病、肝胆疾患、克山病、血栓、外伤等。

葡萄糖酸

葡萄糖酸是葡萄糖的醛基经氧化后生成的酸。分子式 $C_6H_{12}O_7$，分子量为 195.15。性状为白色结晶，熔点 131℃，沸点 673.6±55.0℃，密度 1.24 克 / 厘米 ^{3}（测定温度为 25℃）；呈弱酸性，pK$_a$ 值为 3.35±0.35（测定温度为 25℃），酸味程度为 29 ~ 35；溶于水，微溶于乙醇，不溶于乙醚等大多数有机溶剂。

1870 年，奥地利化学家 H. 赫拉西维兹和奥地利化学家、教育家 J. 哈伯曼首次发现葡萄糖酸；1880 年，L. 布特鲁发现醋酸杆菌能够生产出葡萄糖酸；1922 年，法国植物学家 M. 莫拉德发现黑曲霉的培养液中也存在葡萄糖酸；之后在多种菌种中都发现有葡萄糖酸的产生。在水溶液中，葡萄糖酸可转化为 γ- 葡萄糖酸内酯和 δ- 葡萄糖酸内酯的平衡混合物。在温和条件下，D- 葡萄糖经次溴酸氧化或在碱性介质中电极氧化，可以得到 D- 葡萄糖酸内酯，然后缓慢水解，可以得到游离 D- 葡萄糖酸。工业上，葡萄糖酸大都利用从玉米得到的葡萄糖经细菌氧化的方法制备。因为制备固体结晶产物困难，商品葡萄糖酸大都是 50% 水溶液。其铵盐较为稳定，是针状结晶，通水蒸气即可分解为葡萄糖酸。

医药行业中，葡萄糖酸的钙盐、亚铁盐、铋盐及其他盐类已广泛用于疾病的治疗；葡萄糖酸具有很好的螯合能力，在清洗行业中被用于清洗剂、除垢剂等；葡萄糖酸的金属络合物在碱性体系中被广泛用作金属离子的掩蔽剂；在食品行业中，葡萄糖酸常被作为酸味剂、膨松剂等食品添加剂；在化工工业中，常被用于水泥缓凝剂、水泥强化剂、稳定剂等。

磷　酸

磷酸是氧化数为 +5 的磷的含氧酸。包括正磷酸 H_3PO_4、焦磷酸

$H_4P_2O_7$、偏磷酸 $(HPO_3)_n$ 等，通常指正磷酸。五氧化二磷溶于热水中得正磷酸。如与不足量的水反应，可得一系列通式为 $H_{n+2}P_nO_{3n+1}$ 的多磷酸（$n \geqslant 2$），$n=2$ 时为焦磷酸；水量更少时生成偏磷酸。

◆ **正磷酸**

无色正交晶体，熔点 42.4℃，沸点 407℃，密度 1.834 克 / 厘米^3（18℃）；能吸收水分潮解，可与水混溶。它的半水合物为无色六方晶体，熔点 29.32℃。一般商品含 83% ～ 98% 正磷酸，为黏稠状液体。正磷酸是中强的三元酸，电离平衡常数 K_1、K_2、K_3 分别为 6.92×10^{-3}、6.23×10^{-8}、4.79×10^{-13}。正磷酸水溶液受热失水，加热至 212℃ 时生成焦磷酸，至 255 ～ 260℃ 时几乎成"纯"焦磷酸，在 290 ～ 300℃ 开始生成偏磷酸。

正磷酸的生产方法有两种：

①湿法生产。该法的发展是与高浓度磷肥和复合肥料的发展联系在一起的，约有 95% 产量用于肥料生产。天然磷矿分磷灰石和磷块岩两大类，其主要成分都是氟磷酸钙 $Ca_5(PO_4)_3F$。先用硫酸分解磷矿，然后将生成的正磷酸与硫酸钙分离。为避免反应生成的硫酸钙在磷矿颗粒表面形成膜层，阻碍反应继续进行，工艺上反应过程分成两步进行：第一步是将磷矿溶解在正磷酸（由后续工序返回的一部分）中生成磷酸一钙；第二步是硫酸与磷酸一钙反应生成正磷酸和硫酸钙。

②热法生产。将黄磷在空气中燃烧生成五氧化二磷，再经水化制成。较纯的正磷酸用硝酸氧化白磷制取。正磷酸可用于制备磷酸盐和肥料等，也用于食品、制糖、纺织等工业。

◆ **焦磷酸**

无色针状晶体,熔点71.5℃,溶于水,在酸性溶液中会水解成正磷酸。K_1、K_2、K_3、K_4 分别为 1.23×10^{-1}、7.94×10^{-3}、1.99×10^{-7}、4.47×10^{-10},酸性比磷酸强。焦磷酸由硫化氢处理焦磷酸铜在水中的悬浮液制取;可作催化剂和制备磷酸酯等。

◆ **偏磷酸**

硬而透明的玻璃状体,密度 $2.2 \sim 2.5$ 克 / 厘米 ^{3},在空气中易潮解。K 为 10^{-1},酸性比焦磷酸强。它的钠、钾、镁盐易溶于水。可作催化剂、脱水剂等。

◆ **膦酸**

磷酸 $(HO)_3P = O$ 分子中的一个或两个羟基被烷基或芳基置换生成的化合物 $RPO(OH)_2$、$R_2PO(OH)$:$CH_3PO(OH)_2$ 易溶于水,熔点105℃;$(C_6H_5)_2PO(OH)$ 难溶于水,熔点 196℃。

葡萄糖二酸

葡萄糖二酸是 D- 葡萄糖分子 C-1 位醛基和 C-6 位醇羟基均被氧化生成羧酸基团的多羟基二元有机酸化合物。又称葡糖二酸。分子式 $C_6H_{10}O_8$,相对分子质量 210.14。

葡萄糖二酸熔点 $124 \sim 126$℃,沸点 269.6℃,相对密度 1.5274(25℃),溶于水、乙醇,不溶于醚,易与氨成盐。西柚、苹果、番茄、十字花科蔬菜等果蔬植物以及哺乳动物体内均含有天然的葡萄糖二酸。在临床诊断上,通过检测人体尿液中的葡萄糖二酸含量可间接反映药物对肝脏的损害。

1922 年，美国在浓硝酸溶液中采用钒、钼或铈等催化剂氧化淀粉或葡萄糖制得葡萄糖二酸。其制备原理是通过催化剂或者氧化剂的作用，定向氧化葡萄糖分子 C-1 位醛基团和 C-6 位伯醇羟基生成羧酸基团。由于浓硝酸反应存在操作危险和副反应等问题，2,2,6,6- 四甲基哌啶氧化物氧化、金属催化空气氧化、酶催化氧化和细胞催化氧化等方法得到发展。

葡萄糖二酸于 2004 年被美国能源部确定为具有代表性的 12 种生物基平台化合物之一。葡萄糖二酸作为一种易生物降解的温和型有机酸，可广泛应用于医药品、食品酸味剂、树脂和塑料等生产领域。葡萄糖二酸及其衍生物可用于预防癌症，降低人体血脂和胆固醇，生产诊疗所需的显像剂，以及生物可降解薄膜、无磷洗涤剂、金属离子螯合剂和电镀作业防腐剂等。

己二酸

己二酸是含有 6 个碳原子的直链型脂肪族二元酸。又称肥酸。分子式 $HOOC(CH_2)_4COOH$。己二酸为白色晶体，熔点 $153.0 \sim 153.1℃$。

◆ 生产方法

1937 年，美国杜邦公司用硝酸氧化环己醇（由苯酚加氢制得），首先实现了己二酸的工业化生产。进入 20 世纪 60 年代，工业上逐步改用环己烷氧化法，即先采用环己烷制中间产物环己酮和环己醇的混合物（即酮醇油，又称 KA 油），然后再进行 KA 油的硝酸或空气氧化。现己二酸的生产方法主要有硝酸氧化 KA 油法、丁二烯法、苯酚法、空气氧化法、生物催化法等。

硝酸氧化 KA 油法

KA 油的制备可在 1.0 ～ 2.5 兆帕和 145 ～ 180℃下进行，环己烷用空气直接氧化，收率可达 70% ～ 75%。也可用偏硼酸作催化剂，在 1.0 ～ 2.0 兆帕和 165℃下对环己烷进行空气氧化，KA 油收率可达 90%，产物醇酮比为 10：1。

KA 油在铜、钒催化剂作用下，一般采用浓度为 50% ～ 60% 的过量硝酸，在两级反应器中串联进行硝酸氧化制备己二酸。反应温度 60 ～ 80℃，压力 0.1 ～ 0.4 兆帕，己二酸收率为理论值的 92% ～ 96%。KA 油氧化产物蒸馏出硝酸后，再经过两级结晶精制，便可获得高纯度己二酸。该工艺在己二酸生产中占主导地位，国际上主要生产厂家有美国杜邦公司、美国孟山都公司、法国罗纳 - 普朗克公司。20 世纪 70 年代末中国辽阳石油化纤总公司从法国引进 KA 油硝酸氧化法生产己二酸的整套生产装置，氧化反应采用 65% 硝酸，6 台釜式反应器串联操作，反应温度为 70 ～ 90℃。己二酸结晶采用卧式 14 室真空绝热蒸发降温结晶器。工业上，硝酸氧化 KA 油工艺流程中，苯经过镍 - 氧化铝催化剂加氢制成环己烷，环己烷用空气直接氧化成环己醇和环己酮（KA 油），KA 油用 50% ～ 60% 的硝酸氧化成己二酸。

丁二烯法

分为两种：

①丁二烯羰基化法。以丁二烯为原料,有利于降低生产成本。根据催化剂的不同,又分成不同的工艺技术。美国孟山都公司以氯化钯为催化剂,用1,4-二甲氧基丁烯-2为原料进行羰基化生成己二酸,反应压力为6.8兆帕,反应温度为100℃。德国巴斯夫公司采用八羰基二钴[$Co_2(CO)_8$]为催化剂,吡啶为促进剂,用裂解C_4中的丁二烯(不经抽提)与一氧化碳在甲醇中发生羰基化反应,经一次羰基化反应得3-戊酸甲酯,两次羰基化反应得己二酸二甲酯,最后水解得己二酸。生产成本低于硝酸氧化KA油法,但工艺比较复杂。美国壳牌公司以醋酸钯、1,4-二(二苯膦)丁烷、2,4,6-三甲基苯甲酸为催化体系,在乙醇存在下进行反应,反应温度150～155℃,压力3～6兆帕,丁二烯转化率大于94%,戊烯酸甲酯选择性达88%。

②丁二烯氢氰化法。在100～140℃反应条件下,以镍羰基配合物或铜盐配合物为催化剂,首先将丁二烯氢氰化生成3-戊烯氰和4-戊烯氰,再羧基化生成5-氰戊酸,最后水解生成己二酸。其中氢氰化产物收率大于90%,羰基化和水解产物的产率为85%～92%。

苯酚法

在镍-氧化铝的催化作用下,在95～130℃下使苯酚加氢生成环己醇,再进一步氧化脱氢生成环己酮,环己酮在醋酸中空气氧化得到己二酸。

空气氧化法

以醋酸铜和醋酸锰为催化剂,醋酸为溶剂,用空气直接氧化KA油。一般采用两级反应器串联,第一级反应温度160～175℃,压力0.7兆帕,反应时间 3 小时；第二级反应温度 80℃，压力 0.7 兆帕，反应时间 3 小时。氧化产物经两级结晶精制得到己二酸产品，回收的溶剂处理后可循环使用。该法的选择性与硝酸氧化 KA 油法相当，没有硝酸氧化 KA 油法的强腐蚀问题，但反应时间是硝酸氧化 KA 油法的 4 倍，故采用尚少。

生物催化法

美国杜邦公司于 20 世纪 90 年代开发了生物催化法，利用大肠杆菌将 D- 葡萄糖转化为顺 - 粘康酸，然后再生成甲氢戊己二酸。再用好氧脱硝菌株分离出一种基因株对酶进行编码，从而得到环己醇转化为己二酸的合成酶，该合成酶在适宜的生长条件下将环己醇选择性转化成己二酸。另一种开发中的技术是将 D- 葡萄糖经生物催化转化为己二酸。该过程是将双金属催化剂固定在介孔二氧化硅孔隙中，将 D- 葡萄糖转化为反、反 - 己二烯二酸，然后再加氢为己二酸。未来利用可再生的生物质原料制己二酸具有潜在的发展前景。

◆ **用途**

己二酸主要用作尼龙 66 和工程塑料的原料，也用于生产各种酯类产品，还用作聚氨基甲酸酯弹性体的原料，各种食品和饮料的酸化剂。己二酸也是医药、酵母提纯、杀虫剂、黏合剂、合成革、合成染料和香料的原料。

己二酸酸味柔和且持久，在较大的浓度范围内 pH 变化较小，是较好的 pH 调节剂。根据《食品添加剂使用标准》（GB 2760—2014）规定，己二酸用于果冻时，其最大使用量是 0.01 克 / 千克；用于果冻粉时，可按冲调倍数增加使用量。

己二酸能发生成盐反应、酯化反应、酰胺化反应等，并能与二元胺或二元醇缩聚成高分子聚合物等。主要用于制己二腈进而生产己二胺，并与己二胺一起生产尼龙66。此外，也用于生产不饱和聚酯、己二醇和己二酸酯类等。

丁烯二酸

丁烯二酸是最简单的不饱和二元羧酸,分子式 HOOCCH═CHCOOH。有顺丁烯二酸与反丁烯二酸两种几何异构体。利用物理或化学方法可使顺丁烯二酸异构化成反丁烯二酸。

◆ 顺丁烯二酸

又称马来酸。在自然界中不存在。顺丁烯二酸为无色单斜棱晶；熔点 143.5℃，密度 1.590 克 / 厘米^3（20℃）；易溶于水、醇、丙酮，不溶于四氯化碳和苯中。顺丁烯二酸不如反丁烯二酸稳定，因分子内能较高，燃烧热较大。

顺丁烯二酸加热至 160℃ 即失水，形成顺丁烯二酸酐。若用化学脱水剂，可在较低温度下脱水。顺丁烯二酸与醇、胺反应，可生成一元和二元的酯或酰胺。与五氯化磷或亚硫酰氯反应，不能形成相应的一元酰氯，而是生成二氯代氧顺丁烯二酸酐和反丁烯二酰氯的混合物，前者很容易转变成后者，难以分离出来。在多种催化剂存在下，顺丁烯二酸可脱羧生成丙烯酸。顺丁烯二酸经催化氢化或化学还原，可生成丁二酸；经高锰酸钾氧化则生成内消旋酒石酸。

工业上生产顺丁烯二酸是在五氧化二钒催化下，于 450 ~ 500℃

用空气氧化苯，先生成顺丁烯二酸酐，经水解即得。因此工业上常用顺丁烯二酸酐代替顺丁烯二酸。顺丁烯二酸的主要用途是制造不饱和聚酯树脂。

◆ 反丁烯二酸

又称延胡索酸或富马酸。最早是从延胡索中发现的。此外，在多种蘑菇和新鲜牛肉中也有发现。反丁烯二酸为无色结晶；相对密度1.635（20/4℃），熔点300～302℃（封管），在165℃（17毫米汞柱）升华；易溶于乙醇，不溶于冷水。

反丁烯二酸的化学性质与顺丁烯二酸相似。也能生成一元及二元酯或酰胺。它与五氯化磷或亚硫酰氯反应可生成二元酰氯，但不能生成一元酰氯。反丁烯二酸经高锰酸钾氧化生成外消旋酒石酸。反丁烯二酸加热至250～300℃转变成顺丁烯二酸酐。

反丁烯二酸可由顺丁烯二酸异构化制得，常用的催化剂是重金属盐、含硫化合物、无机酸等。碳水化合物如蔗糖、葡萄糖、麦芽糖经黑根菌发酵也可制得反丁烯二酸。反丁烯二酸可用于制造不饱和聚酯树脂，也可做食品的酸性调味剂。

1,4-丁二酸

1,4-丁二酸是分子中含有两个羧基的 C_4 二元有机酸。又称琥珀酸。分子式 $C_4H_6O_4$，相对分子质量118.09。

1,4-丁二酸是一种味酸，为可燃的白色无臭结晶体，相对密度1.572（25/4℃），沸点235℃（分解），熔点188℃；在减压下蒸馏可升华；

能溶于水，微溶于乙醇、乙醚和丙酮。

工业上可通过马来酸的部分氢化、1,4-丁二醇氧化法和丙烯酸羰基合成法来合成1,4-丁二酸；也可通过微生物基因工程实现工业化生产，如利用野生菌株琥珀酸放线杆菌、经遗传修饰的大肠杆菌、谷氨酸棒状杆菌和酿酒酵母进行发酵生产。

2004年1,4-丁二酸被美国能源部列为12种生物基平台化合物之一。1,4-丁二酸可作为制备聚合物、树脂和溶剂的前体，如作为制备聚酯、醇酸树脂和1,4-丁二醇（BDO）的前体。1,4-丁二酸作为食品与膳食添加剂，主要用于食品和饮料行业的酸度调节剂；也可作为药品的辅料，用于控制酸度等。在生物体中，1,4-丁二酸以阴离子形式存在，在细胞代谢中具有重要作用。在线粒体中，1,4-丁二酸通过三羧酸循环（TCA）产生，作为代谢中间体被琥珀酸脱氢酶转化成富马酸。1,4-丁二酸可以离开线粒体并在细胞质及胞外周质空间中起作用，可改变基因表达模式、调节表观遗传性状及释放类激素信号等。

第 2 章

酸味食物

酸 角

酸角是豆科酸豆属常绿乔木植物。又称酸豆、罗望子、酸梅等。栽培或野生，原产非洲，现各热带地区均有栽培。中国台湾、福建、广东、广西、云南南部、中部和北部（金沙江河谷）常见，以云南分布面积最广，产量最高。荚果圆柱状长圆形，棕褐色，长 5 ～ 14 厘米。成熟酸角果肉酸甜，含有丰富的有机酸、糖类、氨基酸、B 族维生素及多种矿物质。可生食或熟食，或制作蜜饯、调味酱和泡菜；其果汁加糖水是很好的清凉饮料。在热带地区，人们常将酸角挤汁加入牛奶、冰激凌、蛋糕等食品中，制成具有特殊风味的地方小食。在中国，酸角多由当地居民作水果食用。酸角种仁榨取的油可食用。酸角种子富含酸角多糖，酸角多糖类似果胶，但性能优于果胶，是良好的食品增稠剂和稳定剂。酸角果实可入药，有祛风和抗维生素 C 缺乏之功效。酸角叶、花、果实中均含有一种酸性物质，与其他含有染料的花混合，可作染料。

2009 年中国卫生部允许酸角作为普通食品生产经营。

酸　菜

酸菜是腌制过程中经乳酸发酵变酸的腌制蔬菜。饮食中酸菜可作为开胃小菜、下饭菜，也可作为各种烹饪的原料或作调味料。酸菜风味和口感因各地做法不同而异，法国酸黄瓜、德国酸甘蓝等是世界著名酸菜。中国的酸菜根据地区不同，可分为东北酸菜、四川酸菜、贵州酸菜、云南富源酸菜等。不同地区的酸菜口味风格也不尽相同。酸菜常用青菜或白菜作原料。人工加酸化剂调味的产品不属于酸菜。

酸菜的腌制一般包括选择、去除外部坏叶、清洗干净、凋萎、盐水腌制、压实。约一个星期后即可食用。在腌制酸菜的过程中，保持盐水的密封和维护无氧环境至关重要。

为了提高腌制效果，降低亚硝酸盐的形成，常采用人工培养的乳酸菌接种腌制。

发酵果蔬制品

以新鲜果蔬为原料，利用果蔬表面附着微生物的代谢活动，使果蔬发生一系列生物化学变化和物理变化，最终形成具有特殊风味、色泽和质地以及较长保藏期的食品。

可用于发酵的果蔬种类较多，如白菜、芹菜、甘蓝、黄瓜、萝卜、芥菜、橄榄、竹笋、莴笋、辣椒等质地坚硬的蔬菜的根、茎、叶，水果如苹果、棠梨、山楂、桑葚、葡萄、柿子、酸梅、猕猴桃、西瓜等均可用于发酵。传统发酵果蔬制品主要有泡菜、酸菜、酱菜、腌菜、果醋、果酒等。果醋以醋酸发酵为主，果酒以酒精发酵为主，其他发酵果蔬制品的发酵作用以乳酸发酵为主，腌制品还辅以轻度的酒精发酵和极轻微的醋酸发酵。发酵既可延长果蔬的贮藏期，又可提升其口感、风味，但采用自然发酵方式易造成杂菌污染产生毒素，并产生亚硝酸盐等其他有害物质，因此，传统发酵果蔬制品存在一定的安全风险。此外，传统发酵周期较长，效率较低。现代果蔬发酵方式将来源明确且国家许可用于食品中的发酵菌种制备成高活性直投式果蔬发酵专用菌剂，接种到经灭菌、冷却后的果蔬中，整个发酵过程在生物反应器中经标准化流程完成，发酵周期较短。现代发酵果蔬制品种类更加丰富，除传统的发酵蔬菜、果酒、果醋外，还增加了发酵果蔬原浆、发酵果蔬饮料、发酵果昔、发酵果蔬泥、发酵果蔬粉、发酵果蔬糕等新型发酵果蔬制品。由于菌种明确且在生物反应器中标准化发酵，现代发酵果蔬制品不含亚硝酸盐，食用安全性更高。

杨　梅

杨梅是杨梅科杨梅属植物。

◆　主要分布

全世界杨梅科有 2 个属 60 多种。中国的杨梅属植物有 6 个种，即杨梅、毛杨梅、细叶杨梅、矮杨梅、全缘叶杨梅和大杨梅；5 个变种，即恒春杨梅、铺地矮杨梅、白水矮杨梅、蜡质矮杨梅及细叶矮杨梅。在中国杨梅属的 6 个种中，以杨梅分布最广，原产中国温带、亚热带湿润气候的山区，主要分布于东经 97°～122°，北纬 18°～33°，东起台湾东岸，西至云南瑞丽，北至陕西汉中，南至海南岛南端，地跨北、中热带和北、中、南亚热带。分布省区有云南、贵州、浙江、江苏、福建、广东、湖南、湖北、广西、江西、四川、安徽和台湾等，其中以浙江的栽培面积最大，产量也最高。

◆ **形态特征**

杨梅是常绿乔木，高 5 ~ 10 米。幼树树皮光滑，呈黄灰绿色，老年树为暗灰褐色，表面常有白晕斑，多具浅纵裂。树冠整齐呈球形，枝脆易折。叶革质，互生，呈披针形或长倒卵形；全缘或先端稍有钝锯齿；叶面深绿色，富光泽，叶背淡绿色，两面均光滑无毛，雌雄异株或偶有同株。雌花序为柔荑花序，柱头二裂，丝状，鲜红色。着生花序节上无叶芽。果实核果球状，外表面具乳头状凸起，多汁液，味酸甜，果色有红、紫、白、粉红等色，一般在 6 月中下旬成熟。杨梅可以分为 8 个品种类型：乌杨梅，果实成熟后呈乌紫色或紫黑色，味甜；红杨梅，果实成熟后呈红色，果大质佳；白杨梅，

杨梅叶果

红杨梅

果实成熟后呈乳白色、白色、黄白色，品质佳，味清甜；野杨梅，味酸，成熟早，熟果易落；早性梅，果蒂小或无，品质不甚好；杨平梅，果实耐储存；粉红杨梅，成熟果实果色呈粉红、淡红、水红等，其味甜酸，品质优劣不一；钮珠杨梅，果色红，肉柱尖，味清淡。

◆ 生活习性

杨梅喜温耐寒，不耐酷热，忌烈日照射，生长以年均温14 ～ 20℃，大于等于10℃的活动积温达4500 ～ 5000℃·日，冬季极端低温大于 -9℃ 条件为好；杨梅喜湿耐阴，生长以年降水量大于1000毫米，气候湿润环境为好，但花期要求天气晴好，有微风，有利于授粉；杨梅喜土层深厚、土质松软、排水良好、富含石砾的砂质黄壤或红壤土，pH 以 4 ～ 6 为宜。

◆ 用途

杨梅含有丰富的营养成分，具有生津止渴、和胃消食、益肾利尿和解暑止泻之功效，除供鲜食外，还可加工成果酱、果汁、果酒、蜜饯和罐头，是食品和酿造工业的重要原料。杨梅树树势强健，冠形优美，终年常绿，果实艳丽，是园林绿化以及观赏的优势树种。杨梅树喜微酸性的山地土壤，根系与放线菌共生形成根瘤，固氮能力强，能在贫瘠的山地生长，耐旱耐瘠，省工省肥，是一种非常适合山地退耕还林、保持生态的理想树种，具有良好的生态效益。

东北岩高兰

东北岩高兰是被子植物真双子叶植物杜鹃花目杜鹃花科岩高兰属的

一种。名出《中国植物志》。

东北岩高兰生长在海拔 700 ～ 1500 米的森林中或石山上。分布于中国黑龙江和内蒙古东部的大兴安岭。朝鲜半岛、日本、俄罗斯、蒙古也有分布。

东北岩高兰的花

常绿匍匐小灌木，多分枝，小枝红褐色。单叶，轮生或交互对生，线形，长4～5毫米，边缘反卷，无柄，无托叶。花小，雌雄异株，1～3朵生于上部叶腋。雄花萼片6，花瓣状，暗红色，无花瓣，雄蕊3。雌花萼片6，无花瓣，心皮6～9，合生，子房上位，6～9室，每室1胚珠。浆果球形，直径5～7毫米，成熟时暗紫色或近黑色。花期6～7月，果期7～8月。

果味酸甜，可食，也可入药，但因数量不多，且不易繁殖，故利用价值不大。

东北岩高兰的幼果

东北岩高兰的成熟果实

五桠果

五桠果是被子植物真双子叶植物五桠果目五桠果科五桠果属的一种。又称第伦桃。名出《中国高等植物图鉴》。

广泛分布于东南亚各地。中国分布于云南、广西,生长在热带雨林中。

常绿乔木,幼枝被丝状柔毛。单叶,互生,矩圆形,边缘有疏齿。具叶柄。花两性,辐射对称,单生枝顶,径15～20厘米。萼片5,淡黄绿色,卵形。花瓣5,白色,有绿色脉纹。雄蕊多数,2轮,螺旋排列,离心发育,花药顶孔开裂。心皮8～10,离生,子房上位,1室,侧膜胎座,胚珠多数。果实近球形,径8～10厘米,包于增大宿萼内。

果味酸,可食用。木材可制家具。

五桠果的花　　　　　　　　　五桠果的果

西番莲

西番莲是被子植物真双子叶植物金虎尾目西番莲科西番莲属的一种。名出《南越笔记》。又称西洋鞠、转心莲,出自《植物名实图考》。

原产于巴西，世界热带、亚热带地区常见栽培。中国栽培于广西、江西、四川、云南等地，有时逸生。

草质藤本，茎圆柱形并微有棱角，无毛，略被白粉。叶纸质，长5～7厘米，宽6～8厘米，基部心形，掌状5深裂，中间裂片卵状长圆形，两侧裂片略小，无毛、全缘；叶柄长2～3厘米；托叶较大、肾形，抱茎、边缘波状。聚伞花序退化仅存1花，与卷须对生。花大，淡绿色，直径大，6～10厘米；花梗长3～4厘米；苞片宽卵形，全缘。萼片5，长3～4.5厘米，外面顶端具一角状附属器。花瓣5，淡绿色，与萼片近等长；外副花冠裂片3轮，丝状，外轮与中轮裂片长达1～1.5厘米，顶端淡蓝色，中部白色、下部紫红色，内轮裂片丝状，长1～2毫米，顶端具一紫红色头状体，下部淡绿色；内副花冠流苏状，裂片紫红色，其下具一蜜腺环。具花盘。雌雄蕊柄长8～10毫米。雄蕊5枚，花丝分离，长约1厘米、扁平；花药长圆形。心皮3，合生，子房上位，卵圆球形，1室，侧膜胎

西番莲的花

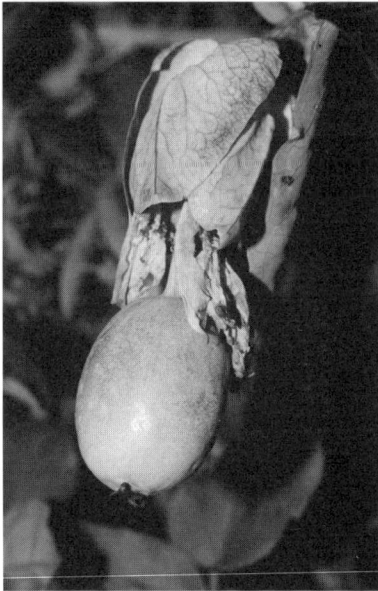

西番莲的浆果

座 3；花柱 3，分离，紫红色；柱头肾形。浆果卵圆球形至近圆球形，长约 6 厘米，熟时橙黄色或黄色。种子多数，倒心形。花期 5 ～ 7 月，果期 7 ～ 9 月。

西番莲果味酸甜可食，含有丰富的蛋白质、脂肪、还原糖、多种维生素，有"果汁之王"的美誉。种子含油量高达 21.7% ～ 25.25%，是优质的食用油。根、茎、叶均可入药，有消炎止痛、活血强身、降脂、降压的疗效。

西府海棠

西府海棠是蔷薇科苹果属落叶小乔木。

西府海棠主要分布于辽宁、河北、山西、山东、陕西、甘肃、云南

西府海棠

西府海棠的花

和内蒙古等地。

高达2～8米，树冠自然半圆形，树枝直立性强。小枝细弱圆柱形，嫩时被短柔毛，老时脱落，紫红色或暗褐色，具稀疏皮孔。冬芽卵形，先端急尖，无毛或仅边缘有绒毛，暗紫色。叶片长椭圆形或椭圆形，长5～10厘米，宽2.5～5厘米，先端急尖或渐尖，基部楔形稀近圆形，边缘有尖锐锯齿，嫩叶被短柔毛，下面较密，老时脱落；叶柄长2～3.5厘米；托叶膜质，线状披针形，先端渐尖，边缘有疏生腺齿，近于无毛，早落。伞形总状花序，有小花4～7朵，集生于小枝顶端，花梗长2～3厘米，嫩时被长柔毛，逐渐脱落；苞片膜质，线状披针形，早落；花直径约4厘米；萼筒外面密被白色长绒毛；萼片三角卵形，三角披针形至长卵形，先端急尖或渐尖，全缘，长5～8毫米，内面被白色绒毛，外面较稀疏，萼片与萼筒等长或稍长；花瓣近圆形或长椭圆形，长约1.5厘米，基部有短爪，白色或粉红色；雄蕊20～28，花丝长短不等，比花瓣稍短；花柱5，基部具绒毛，约与雄蕊等长。果实近球形，直径1～1.5厘米，红色，萼洼梗洼均下陷，萼片多数脱落，少数宿存。花期4～5月，果期8～10月。

西府海棠的果实

可播种、分株和嫁接繁殖。适应性广，抗逆性强，对立地条件要求不严。

西府海棠是常见栽培的果树及观赏树，树姿直立，花朵密集。果味酸甜，可供鲜食及加工用。栽培品种很多，果实形状、大小、颜色和成熟期均有差别，因此有热花红、冷花红、铁花红、紫海棠、红海棠、老海红、八棱海棠等名称。华北有些地区用作苹果或花红的砧木，生长良好。

酸　浆

酸浆是茄科酸浆属多年生宿根草本植物。又称红菇娘、挂金灯、灯笼草、灯笼果、泡泡草、鬼灯。浆果可供食用、药用和观赏。

酸浆原产于中国，遍布中国西北、华北和东北等地，亦分布于欧亚大陆。常生长于山坡、林缘、林下、田野、路旁和宅旁。

酸浆的茎和叶

酸浆的宿存果萼

◆ **形态特征**

根系发达，茎基部常匍匐生根。地下茎横生，多分枝，节间生不定根；地上茎直立，茎高 40～80 厘米，分枝稀疏或不分枝，常被柔毛，尤其以幼嫩部分较密。叶互生，长卵形至阔卵形，两面被柔毛。花单生于叶腋，花冠乳白色，钟形，5 裂，裂片广卵形。花萼绿色，钟形，先端 5 裂，边缘及外侧被短毛。宿存果萼卵状、薄革质，网脉显著，顶端闭合，基部凹陷。浆果球状，黄色或橙红色，柔软多汁。种子肾脏形。花期 5～9 月，果期 6～10 月。

◆ **栽培**

酸浆适应性强，耐寒、耐热，喜凉爽、湿润气候，喜阳光，在 5～40℃的温度内均能正常生长。对土壤要求不严格，以肥沃、向阳、排水良好的砂质壤土为好。一般用种子繁殖，也可用根茎繁殖。越冬根茎每年 5 月中旬出苗，6 月下旬始花，8 月中旬果实开始成熟。酸浆在华北地区一年分三茬栽培：①春早熟栽培。1～2 月在日光温室或风障阳畦内育苗，4 月中旬晚霜过后定植于露地，5 月下旬至 6 月开始采收。②春李

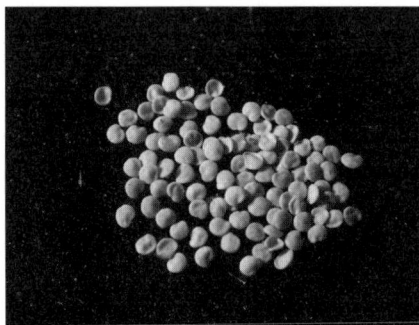

酸浆的种子

酸浆的浆果

露地栽培。3～4月育苗，3月须在塑料大、中、小棚内育苗，4月可在露地育苗。5月定植，6月下旬至7月开始采收。③秋季露地栽培。6月下旬至7月育苗，8月上旬定植于露地，9月下旬至10月开始采收。主要病害有病毒病、叶斑病、白粉病、黄萎病和菌核病，害虫有蚜虫、菜青虫等。

◆ 用途

酸浆的浆果富含维生素、β-胡萝卜素及钙、镁、硼、锌、硒、锗等20多种矿质元素和18种人体需要的氨基酸。浆果可作水果鲜食，亦可加工成果酒、果酱、果冻、果汁饮料、罐头等。全株可入药，味酸、苦，性寒，具有清热解毒、利咽、通二便之功效。

果　梅

果梅是蔷薇科李属多年生木本小乔木。又称青梅、干枝梅。属亚热带落叶果树。果梅原产于中国云贵川交界地带的横断山区，有3000多年的栽培历史。中国主要栽培区域为云南、广东、广西、贵州、福建、四川、浙江、江苏、安徽和台湾等地。日本、韩国、朝鲜、泰国等国家也有栽培。

◆ 形态特征

树势中庸，树冠开张。根系为浅根性。一年生枝条绿色，两年生以上大枝褐色

果梅

至古铜色，以短果枝结果为主。叶倒卵形或广圆形，基部广楔形，先端长尾尖，常歪向一边，叶柄细长紫红色，托叶小，叶质厚，锯齿较细，不规则。纯花芽，单花，花瓣一般5枚，多白色，碟形或碗形，具香气，存在雌蕊发育不良的不完全花。萼片中大，多紫红色，基部连合。雌蕊常1枚，粗壮且高于雄蕊；雄蕊长，45～54枚，花药黄色。子房上位，核果。果实近圆形，平均单果重20克左右。青梅类果实成熟时黄绿色，红梅类果实表面着不同程度红色，缝合线细、浅，果实两侧较对称，可食率一般90%，香气浓，味酸。在中国江苏地区，花期一般在2月中上旬至3月上旬，生理成熟期在6月上旬。

◆ 生长习性

果梅喜温，不耐寒，要求年平均温度为13～23℃，积温为4500～8000℃·日。若花期遇到-5℃以下低温或幼果期遇-4℃低温，均会导致花果的冻害而减产。果梅喜光，对土壤要求不高，以偏酸性土壤为佳，但不耐干旱，要求年降水量为600～2000毫米。梅树对大气污染敏感，尤其是氟化物和二氧化硫。果实采收分为嫩梅采收期、青梅采收期和黄梅采收期。

梅酒

◆ 主要用途

果实有机酸含量高，营养丰富，具有抑菌、抗肿瘤、驱虫、解毒、抗过敏、镇咳和止泻的作用。除了加工品乌梅作为重要的中药成分外，其果实还常被加工成蜜饯、话梅等休闲食品，以及具有独特口味的梅酒、饮料、青梅精等深加工品。

余 甘

余甘

余甘是大戟科叶下珠属乔木或灌木。又称油甘子、油甘、滇橄榄。

余甘是较耐寒、耐旱、耐瘠薄的热带落叶果树，也是一种先锋植物。中国民间将其作为中药已有近2000年历史，汉章帝时（公元75～88）杨孚著《异物志》记载："余甘，大小如弹丸；视之，理如定陶瓜。初入口，苦涩；咽之口中，乃更甜美足味。盐蒸之尤美，可多食。"初食其果，味酸涩，食后则回甘生津，故名。

◆ 分布地区

在中国主要分布于福建、广东、广西、云南、海南、四川等地，在国外主要分布于印度、巴基斯坦、马来西亚、缅甸、斯里兰卡、印度尼西亚，以及南美洲一些国家。生于海

余甘的果实

拔 200 ～ 2300 米的山地疏林、灌丛、荒地或山沟向阳处。

◆ **形态特征**

树高 1 ～ 7 米，根群发达。树皮浅褐色，枝条具纵细条纹，被黄褐色短柔毛。叶片纸质至革质，线状长圆形，浅黄绿色，二列互生于小枝两侧，20 余对，似羽状复叶。花小，单性，雌雄同株；多朵雄花和 1 朵雌花或雄花 3 ～ 7 朵簇生于叶腋，形成花序。蒴果呈核果状，圆球形，果径 1 ～ 3 厘米，外果皮肉质，淡绿或淡黄色，被薄蜡，光滑半透明，有 5 条稍凹陷的棱线。种子略带红色，长 5 ～ 6 毫米，宽 2 ～ 3 毫米。余甘花期和果实成熟期因品种与地区不同而有显著差异，花期有春开一次花、春秋开两次花和四季开花等情况：春花 2 ～ 4 月，花期 1 ～ 1.5 个月；夏花 6 ～ 8 月，秋花 9 ～ 10 月，开花时间分别只有 10 天左右。果实成熟期为 7 月至翌年 2 月，一般早熟品种 7 月成熟，中熟品种 8 ～ 9 月成熟，晚熟品种 10 ～ 12 月成熟，二次开花的则翌年 2 月陆续成熟。

◆ **栽培**

繁殖采用实生、嫁接、扦插及根蘖苗等方式。余甘性喜酸性红壤土，多为野生、半野生栽培。福建栽培有粉甘、六月白、扁甘、枣甘、玻璃

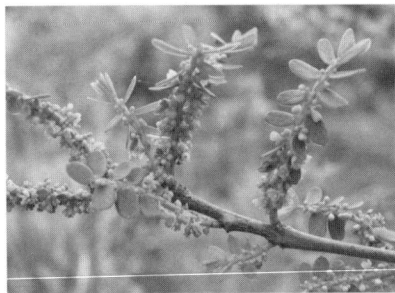

余甘的花序

余甘的叶

甘、皇帝甘、兰丰 1 号等品种，广东栽培有狮头、青皮、软枝、人仔面、算盘子、饼甘、甜种 2 号等品种。

◆ 主要用途

余甘鲜果维生素 C 含量甚高，每百克鲜果含 500 ～ 1814 毫克维生素 C，高于柑橘 30 ～ 50 倍、苹果 60 ～ 130 倍。超氧化物歧化酶（SOD）含量亦高，具有抗菌、抗氧化、降血压和血脂、化痰清血热、防治肝胆病等作用。血虚者忌食。除鲜食外，还可腌制、制蜜饯或作为提取余甘多糖、黄酮的原料。

杨　桃

杨桃是酢浆草科阳桃属小乔木。又称阳桃、洋桃、五敛子。杨桃是热带常绿果树。该属还有一种多叶高酸杨桃，仅中国台湾地区有少量试栽。

◆ 栽培历史

杨桃原产于印度或越南。中国已有 2000 多年的栽培历史，东汉时（1世纪）粤人杨孚撰《南裔异物志》已有帘（杨桃古称帘）的记载，其后在《广志》《南方草木状》《广州记》《齐民要术》《本草纲目》《广东新语》《南越笔记》等历代古农书和

杨桃

地方物产志中均有记述。

中国杨桃分布于广东、广西、福建、台湾、海南及云南等地。广东以广州市郊栽培多而集中，此外高州、湛江、江门、佛山、潮汕、惠阳等地栽培也很普遍。台湾地区主要分布在中南部平地，以彰化县最多，次为南投及苗栗县。广西桂平、平南、南宁市郊，福建漳浦、云霄、诏安、平和、长泰，以及海南琼山、文昌等地栽培较多。栽培杨桃较多的国家除中国外，还有泰国、印度、马来西亚、印度尼西亚、越南、菲律宾、澳大利亚、巴西等国。美国佛罗里达州南部，太平洋岛屿中的关岛、夏威夷等地也有少量栽培。

◆ **品种类型**

普通杨桃有酸杨桃和甜杨桃两个类型。①酸杨桃。一般树形高大，枝条略向上举，小叶比甜杨桃多，达12对；花序稍大，花色较浓紫；果形瘦削，果顶部稍尖，肉质较粗而味酸；但抗逆性较强，丰产，常作砧木或加工用。②甜杨桃。为主要栽培种。中国广东产区的品种有崛督、尖督、刘十杨桃、周家种、林泉嘴、金钱杨桃、马来西亚B17、马来西亚B10等，崛督甜杨桃丰产优质，尖督甜杨桃抗逆性较强，刘十杨桃果大、早熟。台湾地区品种有蜜丝种、二林种、白丝种及南洋种等，品质以蜜丝种最佳，栽培以二林种最广。

杨桃的叶和花

广西和福建的品种大都由广东引进。福建主要种植香蜜、台湾软枝、马来西亚 B17、马来西亚 B10、台农 1 号、红龙（或红藤）、泰国种等优良品种。

◆ **形态特征**

杨桃为常绿小乔木，南亚热带为半常绿。高 5 ～ 12 米，树冠开张。主根入土 1 米以上，侧根粗壮，须根多，吸收根通常分布于 10 ～ 20 厘米的土层中。春暖后连续抽 5 ～ 6

杨桃的成熟果实

次新梢，枝条软垂；春梢及 2 年生的下垂枝是主要结果枝，老枝和树干也能抽出花穗结果。叶为奇数羽状复叶，互生，长 10 ～ 20 厘米，小叶 5 ～ 13 片，7 ～ 11 片居多，卵形至椭圆形，长 3 ～ 7 厘米，宽 2 ～ 4 厘米，不对称，具短柄，先端渐尖，基部偏斜，背面有疏毛或无毛。花为总状花序，花小，近钟形，浅紫红色，萼、瓣均 5 片；雄蕊 5 ～ 10 枚；雌蕊 1 枚，子房上位，5 室，柱头 5 裂，离生。花期 4 ～ 12 月，持续开花 4 ～ 5 次，花果重叠，花梗及花蕾初始呈暗红色，盛开时粉红色或白色，略向背卷。果期 7 ～ 12 月，肉质浆果，卵状或长椭圆状，纵径 6.3 ～ 9.1 厘米，横径 4.6 ～ 6.2 厘米，通常 5 棱，很少 6 或 3 棱，横切面呈五角星状。果皮薄而光滑，未熟时青绿色，完熟后淡绿色、蜡黄色或红黄色，有时带暗红色。种子褐色或黑褐色。

◆ **生长习性**

杨桃为热带亚热带果树，喜高温多湿，不耐寒，0℃ 以下幼树会冻死，4℃ 以下嫩枝受冷害，10℃ 以下生长不良，但阴雨过多易引起烂根，新叶黄落。喜阴，怕强烈日晒，易受风害，建园时应适当荫蔽防风，忌强烈日光直射，土壤以微酸性至中性、土层深厚疏松的壤土或砂壤土为宜。

◆ **栽培**

杨桃繁殖一般用嫁接法育苗，采用靠接、切接、劈接和补片芽接均可。砧木宜采酸杨桃的种子，洗去胶质，阴干，于 10 月前秋播或保存至次年 2～3 月春播。秋播要护苗越冬，春季分床，当苗高 50 厘米以上、茎粗 1 厘米左右即可嫁接，每年 3～8 月均可进行，以清明至小满最为合适。选用生长充实、已木质化的一年生枝条，截取带有 2～3 个饱满芽的短枝作为接穗。种植方式每一大畦种单行、双行或三行，株行距 5～6 米，每公顷种 300～360 株，于 3～4 月栽植。成年树施肥宜于春梢前、小果期、采果后及越冬前进行。幼树着重整形，青壮年树宜疏除树冠上层营养枝以抑制生长，老弱树则培养树冠上部枝条以荫蔽树干，并充分利用徒长枝填补树冠空位和更新老枝。修剪时一般留 1～2 厘米长的枝桩，使其抽枝结果。为提高坐果率，每小枝留 2～3 个花穗，每花穗留 1～2 果。

◆ **主要用途**

杨桃经济价值高、营养丰富、鲜食加工均可。每百克杨桃含糖 10～11.6 克、酸 0.73～0.78 克、蛋白质 0.71～0.72 克、脂肪 0.73～0.75

克、纤维 1.28 克，还含有大量的维生素、胡萝卜素、硫胺素、核黄素、烟酸、抗坏血酸及微量的钙、磷、铁等元素。酸杨桃果大而味酸，俗称三捻；较少生吃，多加工成干果或作烹调配料；甜杨桃供鲜食，也可制蜜饯、果脯、果膏、罐头、果汁、果酱、果酒或果醋等。

杨桃也具有一定的药用价值。叶、果、花、根和树皮均可入药，《本草纲目》记载："杨桃可去风热、生津止渴、解酒毒、治黄疸、赤痢。"杨桃性寒，有利尿、止痛、拔毒生肌的功效，杨桃汁对咽喉炎有独特疗效。

树番茄

树番茄是茄科树番茄属多年生小乔木或灌木植物。又称洋酸茄、酸

树番茄的叶

树番茄的花

鸡蛋、木本番茄。其果味如番茄，作水果或蔬菜食用。

树番茄原产于南美洲，世界热带和亚热带地区有引种。中国云南、贵州和西藏南部有栽培，尤以云南少数民族地区栽培最为普遍。广东、河南、福建、浙江、青海、四川等地都引种试种成功。

◆ 形态特征

植株高 2～3 米。茎粗 5～8 厘米，上部分枝，分枝习性与普通番茄基本相同，当植株长到一定高度时，主茎的顶芽形成花芽，不再继续伸长，而由主茎顶芽下面的一个副生长点和其下第一节的腋芽形成两分枝。单叶互生，全缘，卵状心形，长 20～30 厘米，宽 15～20 厘米，顶端短渐尖或急尖；叶面深绿，叶背淡绿，生短柔毛，侧脉每边 5～7 条；叶柄粗，近圆柱形，长 7～10 厘米，粗 0.3～0.5 厘米。总状花序或蝎尾状聚伞花序，近腋生或腋外生，花梗长 1～2 厘米，生短柔毛；花萼辐状，5 浅裂，裂片三角形，顶端急尖；花冠辐状，粉红色，直径 1.5～2 厘米，5 深裂，裂片披针形；雄蕊围于花柱而靠合，花药矩圆形，长约 6 毫米；子房卵状，直径约 1.5 毫米，花柱稍伸出雄蕊。果梗粗壮，长 3～5 厘米；果实椭圆形，果面暗红色，肉厚，皮薄，光滑，两端尖，橘黄色或带红色，纵径 5～7 厘米，横径 3～5 厘米，单果重 35～55 克，果肉多汁，微酸。种子圆盘形，直径约 4 毫米，周围有狭翼。

◆ 生长习性

属喜温植物，具一定的耐寒性，能耐 -3～-2℃ 的低温。较耐干旱，不耐涝，在土层深厚肥沃、疏松、排水良好、微酸性的砂质土壤中生长良好。年均温 19℃ 以上，最冷月 10℃ 以上地区，终年常绿，四季开花结果。南方冬季较寒冷地区难以在露地越冬，需要在霜期前覆盖防寒，如果出现 -5℃ 以下低温，主茎上部和侧枝都会冻枯，但第二年春季在残留的主茎上仍能萌发新枝，入夏开花结果，秋季果实成熟，只是产量稍低；北方则需要在保护设施中越冬。

◆ 栽培

树番茄一般采用种子繁殖，育苗移栽，在幼苗3 ～ 4 片真叶时移栽，行株距2 米 ×1.5 米，亩种200 ～ 250 株。植株高大且为多年生，因此种植穴要大，并施足底肥。生长迅速，栽后第二年开始结果，连续结果5 ～ 6 年以上。开花结果期长，果实成熟有先后，变红即可分批采收，亦可留在树上观花赏果。

◆ 用途

树番茄是集观花、观果、食用于一体的植物。果实成熟后果肉变软，多汁味酸微甜，富含多种维生素。在南美洲以鲜食和榨汁为主，十分受欢迎。云南多数地方则将果实烧熟去皮后加大蒜和生姜切碎，拌以酱油、辣椒、芫荽作酱菜或调料，味鲜美。

树番茄的果实

秋海棠

秋海棠是被子植物真双子叶植物葫芦目秋海棠科秋海棠属的一种。

◆ **名称来源**

宋朝《采兰杂志》记载:"昔有妇人怀人不见,恒洒泪于北墙之下。后洒处生草,其花甚媚,色如妇面,其叶正绿反红,秋开,名曰断肠花,即今秋海棠也。"因其花秋天开放,同蔷薇科的海棠花形态相似而得名。

◆ **地理分布**

仅产于中国,广布于四川、云南、贵州、重庆、湖北、湖南、广东、江西、浙江、安徽、河北、河南、甘肃、陕西、广西、福建、山西、山东、江苏、北京、天津、辽宁、西藏。2009 年中国台湾南部的高雄市山区也发现一处分布,但后因发生泥石流被毁。在中国大陆分布以浙江宁波天童国家森林公园为东界,西藏察隅县察瓦龙秦那通为西界,云南屏边县为南界,辽宁省凌源市河坎子冰沟为北界,该处也是秋海棠属全球分布的最北端。日本江户时代宽永(1624 ~ 1644)年间,秋海棠首次从中国传入日本,现已在该国多地大量自然化。

主要生长在林下、林缘、山坡、瀑布及溪流边、溶洞内及洞口等处的石壁、石穴、石峰和陡坡,海拔 75 ~ 3400 米,最低分布点为江苏宜兴张渚镇善卷洞风景区,最高为云南哈巴雪山。

◆ **形态特征**

多年生草本,高 8 ~ 80 厘米,地上部分冬季枯死。地下块茎近球形,单生或同新发育者相连,直径 5 ~ 30 毫米,具密集而交织的细长纤维状根。地上茎直立,罕见近攀缘状,有或无分枝,无纵棱,近无毛。托叶膜质,早落,长三角形至披针形,长 8 ~ 15 毫米,宽 2 ~ 5 毫米,先端渐尖。基生叶无，茎生叶互生，具长柄，茎节部及叶柄基部常红色。叶柄近圆柱形，无沟槽，光滑，长 0.5～32 厘米，粗 1～6 毫米。叶片两侧不相等，少近等，轮廓宽卵形、卵形或卵心形，长 10～18 厘米，宽 7～14 厘米，上面浅绿色、褐绿色，有时带红晕或白斑，幼时散生硬毛，后逐渐脱落，老时毛少，下面灰绿色、带红晕或紫红色，或仅叶脉红色，沿脉散生硬毛或近无毛，先端渐尖至长渐尖，基部心形，常偏斜，边缘具不等大的三角形浅齿，偶见大裂齿，齿尖带短芒，并常呈波状或宽三角形极浅齿；叶脉掌状，7～9（～11）条，常带紫红色，少绿色，腹脉凹、背脉凸。

　　花序茎上部叶腋生和顶生，高 5～12 厘米，（2～）3～4 回二歧聚伞状；花序轴近圆柱形，绿色或粉红色，无纵棱，光滑；苞片早落，长圆形或披针形，膜质半透明，光滑，长 2～20 毫米，宽 1～10 毫米，先端钝或尖；花常粉红色，少红色和白色，较多数，花被瓣状，离生。雄花：花柄粉红色，稍扁，光滑，长 8～35 毫米，粗 0.6～1 毫米，花被片 4，光滑，外面 2 枚卵形、卵心形、宽卵形或近圆形，长 10～20 毫米，宽 6～16 毫米，先端圆或稍急尖；内面 2 枚倒卵形、长倒卵形至倒卵披针形，长 6～16 毫米，宽 2～9 毫米，先端圆、钝或尖；雄蕊 8～80，集合成球形，花丝基部连合，合蕊柱长达 1～10 毫米，分离花丝长 0.5～2 毫米，花药近倒卵形或倒卵楔形，长约 1 毫米，先端钝圆或微凹，药室两纵裂。雌花：花柄粉红色，稍扁，光滑，长 20～30 毫米，上端有时见 1～2 枚退化萼片；花被片 3，稀 2，外面 2 枚卵形、卵心形、近圆形或扁圆形，长 8～15 毫米，宽 8～16 毫米，先端圆；内面 1 枚，倒卵形或倒卵披针形，长 5 ～ 10 毫米，宽 3 ～ 5 毫米，先端钝圆；花柱 3，1/2 部分合生或微合生或离生，柱头 2 裂，"U" 形螺旋状扭曲、简单 "U" 形、肾状或头状，带刺状乳头。子房 3 室，中轴胎座，每室胎座具 2 裂片。果柄常红色，细长稍扁，光滑，长 12 ～ 40 毫米。蒴果下垂，光滑，轮廓椭圆形或长椭圆形，长 8 ～ 15 毫米，直径 6 ～ 10 毫米，具不等 3 翅，翅形态差异大；背翅大，长三角形，长 7 ～ 25 毫米，与果实纵轴成锐角至钝角；侧翅 2 短小，三角形、短三角形、退化呈窄檐状或近消失，长 0 ～ 18 毫米，宽 8 ～ 22 毫米。种子极多数，细小，长圆形，淡棕色，每个果实种子达数千粒。花期 6 ～ 10 月开始，果期 7 ～ 12 月，因分布地域和海拔高度而异。植株开花前后叶腋开始产生数枚卵形、卵锥形或近球形珠芽。通过种子和珠芽繁殖。染色体数 $2n = 26$。

◆ **分类系统**

本种为国产秋海棠属在国内分布最广的种，种下多样性十分丰富，不同居群的个体大小、茎分枝、叶片形态及颜色、花部及果实等特征差异较大，因此给种下类群划分带来很大困难。《中国植物志》将秋海棠处理为 1 个原亚种，即秋海棠；2 个亚种，即全柱秋海棠、中华秋海棠；3 个变种，即单翅秋海棠、刺毛中华秋海棠和柔毛中华秋海棠。而英文版《中国植物志》（*Flora of China*）仅承认 3 个亚种，即秋海棠、全柱秋海棠及中华秋海棠。研究表明，英文版《中国植物志》中分类处理相对更合理，但也有缺点，因为根据现有的特征检索无法准确鉴定，并且还存在更多新的种下类群。

◆ **功能作用**

秋海棠是一种很好的园林观赏花卉。该种数百年前引种到日本，如今在野外大量逸生，开花时十分美丽壮观，多处成为赏花景点。1804年，W.克尔在中国发现秋海棠并将其引种到英国，后被各国广泛引种栽培，成为欧美诸多植物园及私家庭院的重要花卉。在中国，很多寺庙也有栽培秋海棠的习惯，四川都江堰、云南丽江等地也见其被作为私家庭院花卉栽培。由于其观赏价值高，欧美等秋海棠育种家通过直接选育或杂交培育出了一些品种，综合美国秋海棠协会数据库（ABS Database）及英国皇家园艺学会数据库（RHS Database）等资料记载统计，该种相关的品种至少有23个。秋海棠是培育耐寒秋海棠品种的潜在良好亲本。

秋海棠还是一种传统中草药，含有多种活性成分，在中国的药用历史悠久，全株均可入药，以根为主，指其块茎部分，又称红白二丸、岩丸子、鸳鸯七、红黑二丸、一口血等，味苦、酸、涩，性微寒，具有活血调经、止血、止痢、镇痛等功效，主治崩漏、月经不调、赤白带下、外伤出血、痢疾、胃痛、腹痛、腰痛、疝气痛、痛经及跌打瘀痛等。茎叶味酸、辛，性微寒，具有解毒消肿、散瘀止痛、杀虫之功效，主治咽喉肿痛、疮痈溃疡、毒蛇咬伤、跌打散瘀、皮癣。花味苦、酸，性寒，具有杀虫解毒作用，主治皮癣。果味酸、涩、微辛，性凉，具有消肿解毒作用，主治毒蛇咬伤。秋海棠也可食用或作为猪饲料。

此外，秋海棠还有很高的文化价值，常见于历代文人墨客的诗词歌赋和散文小说中，也见于传统绘画、瓷器和雕刻艺术品中。

猕猴桃

猕猴桃是猕猴桃科猕猴桃属多年生落叶藤本植物。猕猴桃是中国特有果树资源，因猕猴喜食其果，故名猕猴桃。在国际上，因其果实形似新西兰国鸟基维鸟（kiwibird），故有英文名 kiwifruit。猕猴桃属植物自然分布于以中国为中心，南起赤道（0°）、北至寒温带（北纬50°），但密集分布区在中国秦岭以南、横断山脉以东地区。猕猴桃属植物绝大多数为中国特有种，仅有尼泊尔的尼泊尔猕猴桃和日本的白背叶猕猴桃为中国周边国家特有分布。

◆ **起源与栽培历史**

中国古代典籍中有诸多关于猕猴桃的记载，《诗经·桧风》中有"隰有苌楚，猗傩其枝；……隰有苌楚，猗傩其华；……隰有苌楚，猗傩其实……"的描述，其中"苌楚"即猕猴桃。公元前475～前221年的《山海经·中山经》中有关于猕猴桃更为详细的记载："又东四十里，曰丰山，其上多封石，其木多桑，多羊桃。状如桃而方茎，可以为皮张。""羊桃"这一名称至今仍在许多省份的山区沿用。唐代诗人岑参在《太白东溪张老舍即事，寄舍弟侄等》一诗中描述道："中庭井阑上，一架猕猴桃。"同一时期的《本草拾遗》中记载："猕猴桃味咸温无毒，可供药用，主治骨节风，瘫痪不遂，长年白发，痔病，等

猕猴桃的果实

等。"可见当时已有人工引种猕猴桃，并被用作药物。北宋元丰五年（1082），唐慎微著《证类本草》中载："味酸甘，……生山谷，藤生着树，叶圆有毛，其形似鸡卵大，其皮褐色，经霜始甘美可食。"从这些记载中可以看出，古人是将它作为一种野果食用的。

与中国悠久的猕猴桃民间应用历史相比，世界上其他国家猕猴桃产业的起源仅始于1904年。1903年，新西兰女教师 M.I. 弗雷泽利用假期看望她在宜昌苏格兰教堂从事传教工作的妹妹 K. 弗雷泽时，从当时

猕猴桃的果实剖面和种子

在宜昌从事植物采集的英国植物采集家 E.H. 威尔逊处得到少许猕猴桃种子。1904年1月，M.I. 弗雷泽返回新西兰时，将这些种子带到新西兰，辗转交给苗圃商人 A. 艾利森，使这些种子成为世界猕猴桃产业的发端。20世纪50～70年代是世界猕猴桃产业的规模商业化快速发展阶段，猕猴桃栽培出现集约化、规模化及全球化的发展趋势。优良品种"海沃德"的推出，对猕猴桃规模化、产业化起到决定性作用，至今该品种在世界猕猴桃市场仍占据重要地位。中国猕猴桃商业化栽培较新西兰起步晚，但发展速度快，自1978年全国性开展资源调查以来，至2010年中国猕猴桃的栽培面积和总产量已跃居世界第一。

◆ **种质资源**

猕猴桃属植物种质资源丰富，包括54个种、21个变种，共75个

分类单元，其中中国有 52 个种、73 个分类单元。该属物种分布广泛，种间形态多样，尤其是果实等重要的农艺性状变异丰富，依据果实特征分为净果组、斑果组、糙毛组、星毛组四组。以鲜食为目的而广泛栽培的商业化种类为中华猕猴桃和美味猕猴桃，软枣猕猴桃和毛花猕猴桃也有少量人工种植。

猕猴桃是近代驯化栽培水果作物之一，栽培品种大多是从野生资源中直接选育的，只有少量品种是通过杂交或实生育种、芽变选种等育成。

◆ 形态特征

猕猴桃为功能性雌雄异株的多年生落叶藤本植物，在自然条件下，猕猴桃茎蔓攀缘于树木或其他物体上生长，植株可达 5 ～ 7 米或更高。猕猴桃进入结果期早，枝蔓自然更新能力强，寿命较长，可达百年以上。猕猴桃根多为肉质根，根系分布较浅，新生根初为乳白色，后变为浅褐色，老根外皮呈现灰褐色或黄褐色，内层肉红色。一年生根含水量高达 84% ～ 89%，含有淀粉。猕猴桃主根不发达，骨干根少，一般主根在侧根分生并旺盛生长后即趋于缓慢生长，直到停止生长。猕猴桃枝蔓节间明显，通常有皮孔，新梢颜色以黄绿色或褐色为主，多具灰棕色或锈褐色表皮毛。茎木质部有木射线，髓部呈实心、片层状或单孔，导管显著，枝蔓横切面有许多小孔，年轮不易辨认。猕猴桃枝蔓可分为营养枝和结果枝，营养枝又可根据其长势强弱分为徒长枝、普通营养枝和衰弱枝；结果枝一般着生于结果母枝中、上部和短缩枝的上部，根据其发育程度和长度，可分为长果枝、中果枝和短果枝。猕猴桃的芽外包有 3 ～ 5 层黄褐色毛状鳞片，1 个叶腋间通常有 1 ～ 3 个芽，中间较大的为主芽，两侧为潜伏状副芽。主芽分为花芽和叶芽，花芽为混合芽，芽的萌发率因种类和品种而异。不同种类猕猴桃花的大小、颜色不同，雌花和雄花都是形态上的两性花、功能上的单性花。雌花多为单花，间或呈聚伞花序，雄花多为多歧聚伞花序。猕猴桃果实为浆果，表皮被茸毛、硬刺毛或无毛，子房上位，由34～35个心皮构成，每一心皮具有11～43个胚珠，胚珠着生在中轴胎座上，一般形成两排，可食用部分主要为中果皮和胎座。猕猴桃种子很小，一般种子表面有条纹或龟纹。种子长圆形，成熟的新鲜种子多为深褐色或黑褐色，干燥的种子黄褐色。

栽培猕猴桃栽培管理包括苗木繁殖、园地建设和田间管理。①苗木繁殖。主要采用嫁接繁育，种子采集后经过处理使其度过休眠期，后播种于苗圃中，待实生苗生长到一定粗度后可进行嫁接。除伤流期外，猕猴桃嫁接全年均可进行，嫁接方法有劈接、切接、芽接、舌接等多种，春季伤流期之前为最佳嫁接时期。商业化的猕猴桃苗木多采用中华猕猴桃或美味猕猴桃的实生苗作砧木，美味猕猴桃砧木嫁接植株长势旺、适应性较强。②园地建设。猕猴桃园地选择应注意园地气候、土壤等环境条件与猕猴桃品种生物学特性要求相适应，做到适地适栽。定植时根据

猕猴桃的枝蔓和叶

猕猴桃的花

品种、园地条件、架式等因素选择合理的栽植密度，同时应搭配花期与雌性品种一致的雄性授粉树，雌雄株比例一般为（5～8）：1。③田间管理。猕猴桃果园土壤管理宜采用行间生草，并及时刈割，对株间和树盘进行覆盖，每2～3年根据草种更新，对全园进行深翻一次，以改良深层土壤结构。果园施肥量与施肥次数应根据树龄、树势、各物候期需肥特点和结果情况等而定，一般每年施肥2～3次，包括萌芽肥、壮果肥、采果后的基肥。猕猴桃根系对水分要求比较严格，既怕旱又怕涝，保持适宜土壤湿度的同时做好果园排水，对其正常生长发育至关重要。

◆ 价值与用途

猕猴桃作为一种新兴水果，以其独特风味、丰富营养、健康保健作用而闻名。该属植物具有很高的综合开发利用价值。

食用价值

猕猴桃被誉为水果之王，其果实营养丰富，果实软熟后不仅风味酸甜适宜，香气浓郁，而且富含糖、维生素、矿物质、蛋白质、氨基酸等多种营养成分。与其他果品相比，每100克猕猴桃果实中维生素C含量一般为100毫克，高的可达1000毫克，比苹果高20～80倍；其所含维生素C在人体内的利用率高达94%。猕猴桃可溶性固形物含量7%～25%，总糖4%～14%，总酸0.6%～2.9%，还含有谷氨酸、天门冬氨酸等17种氨基酸，以及维生素B、维生素E、类胡萝卜素、果胶、粗纤维、多种酶类、抗癌物质芦丁和钾、钙、镁、锰等多种矿质元素，对保持人体健康具有重要的作用。

猕猴桃果实除了鲜食，还可以加工成各种食品、饮料。常见产品有猕猴桃果汁、猕猴桃果酒、猕猴桃果醋、猕猴桃酱、猕猴桃罐头、猕猴桃果脯、猕猴桃果仁油、猕猴桃化妆品等，还有半成品浓缩果汁、原果汁、冷冻果片、猕猴桃粉等。

观赏价值

猕猴桃藤蔓缠绕盘曲，枝叶浓密，花颜色多样，花量多，气味芳香，果形多样奇特，适用于花架、庭廊、护栏等垂直绿化，有很高的观赏价值。

药用价值

据《新华本草纲要》记载，猕猴桃治"烦热，消渴，消化不良，食欲不振，呕吐，黄疸，石淋，痔疮，烧烫伤"。猕猴桃根茎叶果中含有多种生理活性成分，具有多种药理作用。

猕猴桃果实维生素 C 含量高，有助于降低血液中的胆固醇和甘油三酯水平，起到扩张血管和降低血压的作用。猕猴桃果实浓缩物中的果仁油，具有调节血脂、抗过氧化、抗衰老、增强免疫力等作用。猕猴桃根茎提取物对于治疗肺癌、消化道肿瘤及保护肝脏有一定效果，根茎中的多糖具有抗细菌感染、抑制肿瘤增殖作用，对清除自由基、抑制脂质过氧化反应、维持细胞质膜的正常结构有一定作用，可避免细胞的损害，减轻肝脏脂质代谢障碍所引起的肝损伤。

经济价值

猕猴桃的茎皮和髓中富含优质的胶液和胶质，尤其茎皮中的水溶性胶液黏性强，可作为造纸、建筑等的黏合剂。

刺　梨

刺梨是蔷薇科蔷薇属植物。刺梨是原产于中国西南地区的特有落叶果树，在中国贵州、云南、重庆、四川等地和广西北部、湖南湘西、陕西汉中等地有野生分布，其中贵州的野生刺梨资源分布量最大。迄今，国外尚无刺梨分布的报道。

◆ **形态特征**

刺梨为落叶小灌木，树高 2 米以下，根系在土层中的分布较浅，垂直根不发达。多年生枝为灰褐色，其上着生 0.8～1.0 厘米长的扁形皮刺，新梢上的皮刺着生于叶柄两侧。芽为裸芽。叶片为奇数羽状复叶，复叶长 10～13 厘米，宽 4～5 厘米，复叶上有椭圆形小叶 11～15 枚；除先端小叶外，其他小叶对生。花为单生或 2～7 朵聚生，花梗长不足 1 厘米，粉红或深红色，罕见白色；雌蕊 40～60 枚，聚生于花冠中央；雄蕊 25～30 枚；花冠直径 6～8 厘米，花瓣及萼片均 5 枚，萼片及花托表皮着生细密小皮刺。子房下位，果实为假果，由花托发育而成；果实扁圆形或近圆球形，少有纺锤形；果径 2.5～6 厘米；单果鲜重 15～30 克；成熟后果面金黄色；果面有皮刺，萼片缩存。果实内有 20～40 粒种皮骨质化的坚硬种子。4～6 月开花，少数可延迟至 9 月。8～10 月果实成熟。

刺梨

◆ 生长习性

在中国南方，刺梨根系在土壤温度高于 5.8℃ 时开始缓慢生长，25～28℃ 生长较快。芽于 1 月初开始萌动，随即开始花芽分化，花芽为混合芽。2 月下旬至 3 月中旬展叶，然后抽生春梢。刺梨萌发力强，新梢芽具有早熟性，在生长季能多次抽生新梢。刺梨具有早实特性，实生苗的童期 3 年，扦插苗栽植后第 2 年就能开花结果，3～4 年进入盛果期。刺梨具有自花授粉结实特性，但异花授粉坐果率高、果实大。

刺梨喜湿，耐涝性极强，极不抗旱，较喜光，在微酸性至微碱性的土壤上都能正常生长，但对肥水的要求较高。气温过高不利于刺梨生长结果，在 -10℃ 以下低温条件下容易发生冻害，因此贵州海拔 1000～1800 米气候湿润的地区最适宜刺梨的生长发育。刺梨在中国夏季气温过高的华南地区生长发育不良，在长江以北冬季气温达到 -10℃ 以下地区难以越冬。

刺梨的花

刺梨的叶

栽培中国刺梨的研究始于 20 世纪 40 年代，但在 80 年代中期后才开始进行人工栽培。以贵州的栽培面积为最大，已超过 15.5 万公顷，此外重庆、湖南、四川、广西、云南、陕西等省（自治区、直辖市）也有少量栽培。栽培品种主要有贵州大学农学院选育的贵农 1 号、贵农 2 号、贵农 5 号和贵农 7 号。

◆ **价值与用途**

刺梨果实中含有丰富的维生素 C、酚酸类、类黄酮、三萜和多糖类营养及保健物质，其中酚酸类物质主要有单宁酸、没食子酸、原儿茶酸、咖啡酸、丁香酸、对香豆酸、绿原酸、阿魏酸、香草酸等，类黄酮物质主要有儿茶素、表儿茶素、芦丁、槲皮素、槲皮苷、异槲皮苷、木犀草素、杨梅素、山柰酚、芹菜素、原花青素、柚皮苷等，三萜类物质主要有刺梨苷、野蔷薇苷、蔷薇酸、熊果酸等，多糖类物质主要有蔗糖、果糖、葡萄糖、甘露糖、鼠李糖、木糖、阿拉伯糖、半乳糖、葡萄糖醛酸等。每 100 克鲜果的维生素 C 含量高达 2000 毫克以上，居各种水果之冠，是沙棘的 4 倍以上、猕猴桃的 10 倍以上、柑橘的 50 倍以上、苹果的 500 倍以上。在 100 个烘干的刺梨果肉中，总酚的含量高达 7456.38 ～ 9867.61 毫克 /100 克，其中类黄酮含量为 1369.85 ～ 1765.19 毫克、三萜类物质含量可达 5433.17 ～ 7523.21 毫克；多

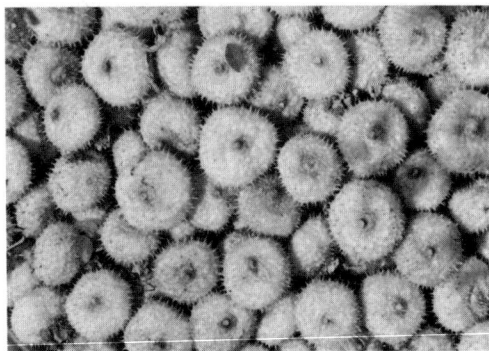

刺梨的果实

糖类物质中，蔗糖含量为 0.15% ～ 2.68%、果糖含量为 3.25% ～ 9.90%、葡萄糖含量为 3.57% ～ 6.58%、其他多糖成分含量为 1.12% ～ 1.43%。以上物质成分对改善心脑血管功能、降血脂、抗病毒、抗炎症、抗疲劳、增强人体免疫力、预防多种恶性肿瘤发生及糖尿病等均有良好的功效。刺梨是人类珍贵的健康营养果品及保健果品，但由于刺梨果实中维生素 C、酚酸类和类黄酮含量很高，滋味酸涩，鲜食口感不好，因此其果实主要用于加工果汁、果酒、口服液等保健品及医药制品。

枸　橼

枸橼是芸香科柑橘属一种常绿灌木或小乔木。以干燥成熟果实入药，药材名香橼。又称香橼、枸橼子等。同属植物香圆也可入药。

枸橼主要分布于中国长江流域及其以南地区。越南、老挝、缅甸、印度等也有分布。

◆ 形态特征

枸橼枝上长有短硬刺。新生嫩枝、芽及花蕾均为暗红色。叶互生，革质，长圆形或长椭圆形，具半透明的油腺点。短总状花序，顶生及腋生；两性花或因雄花，萼片 5，花萼浅杯状；花瓣 5，内面白色，外面淡紫色；雄蕊 30 以上；雌蕊 1。柑果长椭圆形、卵形或近球形，长径

枸橼

10～25厘米，横径5～10厘米；果顶有乳头状突起；果皮粗糙或平滑，皮厚或颇薄，熟时柠檬黄色，芳香、瓤囊细小；果汁黄色，味酸且苦。种子小，卵圆形。花期4月。果期8～9月。

◆ 生长习性

枸橼性喜温暖湿润气候，喜光。不耐高温、干旱。多生于海拔800～1200米的砂壤土中，在pH为5.5～6.5的弱酸性土壤中生长较为良好。适宜湿润土壤，忌涝渍。

◆ 繁殖方式

枸橼一般采用种子、扦插两种方式繁殖。种子繁殖选成熟果实，取出种子，洗净即可播种，培育2～3年定植。春季可扦插繁殖，将枝条剪成12～15厘米的小段，剪去叶片，只留叶柄。插入土中约1/2，用手轻轻压实，培育1～2年定植。

◆ 药用价值

香橼味辛、苦、酸，性温。归肝、脾、肺经。具有疏肝理气，宽中，化痰功效。用于肝胃气滞，胸胁胀痛，脘腹痞满，呕吐噫气，痰多咳嗽。

贴梗海棠

贴梗海棠是蔷薇科木瓜属落叶灌木。贴梗海棠分布于陕西、甘肃、四川、贵州、云南、广东等地。

贴梗海棠高达1～2米。枝条直立开展，有刺；小枝圆柱形，微屈曲，无毛，紫褐色或黑褐色，有疏生浅褐色皮孔。冬芽三角卵形，先端急尖，近于无毛或在鳞片边缘具短柔毛，紫褐色。叶片卵形至椭圆形，稀长椭圆形，长 3 ～ 9 厘米，宽 1.5 ～ 5 厘米，先端急尖稀圆钝，基部楔形至宽楔形，边缘具有尖锐锯齿，齿尖开展，无毛或在萌蘖上沿下面叶脉有短柔毛；叶柄长约 1 厘米；托叶大形，草质，肾形或半圆形，稀卵形，长 5 ～ 10 毫米，宽 12 ～ 20 毫米，边缘有尖锐重锯齿，无毛。

花先叶开放，3 ～ 5 朵簇生于二年生老枝上；花梗短粗，长约 3 毫米或近于无柄；花直径 3 ～ 5 厘米；萼筒钟状，外面无毛；萼片直立，半圆形或稀卵形，长 3 ～ 4 毫米，宽 4 ～ 5 毫米，长约萼筒之半，先端圆钝，全缘或有波状齿，及黄褐色睫毛；花瓣倒卵形或近圆形，基部延伸成短爪，长 10 ～ 15 毫米，宽 8 ～ 13 毫米，猩红色、稀淡红色或白色；雄蕊 45 ～ 50，长约花瓣之半；花柱 5，基部合生，无毛或稍有毛，柱头

贴梗海棠

贴梗海棠的叶

贴梗海棠的花

贴梗海棠的果实

头状，有不明显分裂，约与雄蕊等长。果实球形或卵球形，直径 4 ～ 6 厘米，黄色或带黄绿色，有稀疏不明显斑点，味芳香；萼片脱落，果梗短或近于无梗。花期 3 ～ 5 月，果期 9 ～ 10 月。

贴梗海棠可播种、扦插和压条繁殖。适应性强，喜光，也耐半阴，耐寒，耐旱。对土壤要求不严。

贴梗海棠有大红、粉红、乳白等花色，且有重瓣及半重瓣品种。早春先花后叶，非常美丽。枝密多刺，可作绿篱。果实含苹果酸、酒石酸、枸橼酸及维生素等，干制后入药，有祛风、舒筋、活络、镇痛、消肿、顺气之效。

第**3**章
酸味发酵饮料

发酵饮料是以蜂蜜、水果、奶粉等为原料，添加（或不添加）糖、食用酸及食品添加剂，经酵母菌、乳酸菌或其他国家允许使用的菌种发酵后调制而成的产品。一般分为酵母菌发酵饮料和乳酸菌发酵饮料等。

不同发酵饮料使用的发酵微生物不同，常用的发酵微生物有乳酸菌、醋酸菌、酵母菌、食用菌和藻类等。按使用的发酵微生物可将发酵饮料分为乳酸菌发酵饮料、醋酸菌发酵饮料、酵母菌发酵饮料和共生发酵饮料。①乳酸菌发酵饮料。由乳酸菌参与发酵作用而生成的饮料，是发酵饮料家族中的最大成员。酸奶、酸豆奶等均属此类。②醋酸菌发酵饮料。由醋酸菌参与发酵作用制成的饮料。如果汁醋酸饮料、蜂蜜发酵饮料等。③酵母菌发酵饮料。由酵母菌参与发酵作用制成的饮料，如麦芽汁发酵饮料、啤酒等。④共生发酵饮料。由两种或两种以上的微生物共同参与发酵作用制成的饮料，如格瓦斯、奶酒等。

按原料种类可将发酵饮料分为蛋白发酵饮料、果蔬汁发酵饮料、谷物发酵饮料和其他发酵饮料。①蛋白发酵饮料。原料含有丰富的蛋白质，蛋白质也是微生物作用的主要对象。按蛋白质的属性不同，又可分为动物蛋白发酵饮料（如酸奶）和植物蛋白发酵饮料（如酸豆奶、酸花生奶）等。②果蔬汁发酵饮料。原料主要是果汁和蔬菜汁。按原料品种又可分为果汁发酵饮料（如草莓发酵饮料）和蔬菜汁发酵饮料（如南瓜发酵饮料）等。③谷物发酵饮料。以谷物为原料，利用其中的淀粉进行发酵，如各种格瓦斯。④其他发酵饮料。采用除上述原料之外的原料（如蜂蜜、中草药等）发酵制成的饮料。

酸　奶

酸奶是以生鲜牛（羊）乳或乳粉为原料，经杀菌、接种嗜热链球菌和保加利亚乳杆菌（德氏乳杆菌保加利亚亚种）发酵制成的产品。

酸奶作为食品至少有 4500 多年历史。最初的酸奶可能起源于偶然的机会，空气中的乳酸菌进入羊奶，使羊奶变得更为酸甜适口，这就是最早的酸奶。牧人为了能继续得到酸奶，便将其接种至煮开后冷却的新鲜羊奶中，经过一段时间的培养发酵，便获得了新的酸奶。直到 20 世纪，酸奶才逐渐成为南亚、中亚、西亚、欧洲东南部和中欧地区的食物材料。20 世纪初，俄国科学家在保加利亚分离发现了酸奶的乳酸菌，命名为"保加利亚乳杆菌"。1919 年，西班牙企业家将奶酪的生产工业化。

1969 年，日本发明了酸奶粉。饮用时只需加入适量的水，搅拌均匀即可。

酸奶品种很多，工艺略有差异。典型的传统工艺是：以生鲜牛（羊）乳和乳粉为原料，经标准化（使乳固体含量达到 13%～16%）、杀菌、接种乳酸菌发酵剂后，于 43℃ 保温四小时，即凝结为酸奶。

酸奶按组织状态可分为凝固型酸奶和搅拌型酸奶两种；按脂肪含量可分为全脂酸奶、部分脱脂酸奶、脱脂酸奶；按添加辅料或不添加辅料可分为原味酸奶、调味酸奶、果料酸奶等。酸奶既保留了牛（羊）乳原有营养成分，又更易于消化吸收。牛（羊）乳经乳酸菌发酵后，蛋白质部分分解，甚至成为肽或氨基酸，可溶性氮增加，形成预备消化状态；部分脂肪受乳酸菌作用发生解离，变成机体易于吸收的状态；20% ～ 30% 的乳糖被转化为乳酸或其他有机酸，有利于钙的吸收，同时对肠道有保护作用，可以缓解乳糖不耐受程度。

凝固型酸奶

凝固型酸奶是通过保加利亚乳杆菌和嗜热链球菌等乳酸菌在牛（羊）乳中的生长繁殖、分解乳糖产生乳酸、随着 pH 逐渐下降使酪蛋白在其等电点附近发生凝集而形成的乳凝状酸奶。

凝固酸奶中形成以乳清、脂肪球、乳酸菌、酪蛋白为结构框架的三维网状结构。

凝固型酸奶的发酵在包装容器中进行，成品保留凝乳状态。中国市场上传统的玻璃瓶和瓷瓶装的酸奶即属此类型。乳酸菌在乳中生长繁殖，分解乳糖形成乳酸，乳的 pH 下降，使酪蛋白在等电点附近形成沉淀凝聚物，在灌装的容器中成为凝胶状态。在发酵培养以及以后的运送冷却、贮藏过程中，必须使半成品或成品保持静置不受震动，故凝固酸奶又称静置型酸奶。加工过程中需先将原料灌装至销售用的小容器后发酵，故属于后发酵型酸奶。

凝固型酸奶的一般生产工艺为：原料乳→标准化→均质→热处理→冷却→接种→灌装→发酵培养→冷却→贮存／销售。

搅拌型酸奶

搅拌型酸奶是将果酱等辅料与发酵结束后得到的酸奶凝胶体进行搅拌混合均匀，然后装入杯或其他容器内，再经冷却后熟而得到的酸奶制品。

搅拌型酸奶与普通酸奶相比具有口味多样化、营养更为丰富的特点。此类产品经过搅拌呈流动状态，黏度较大，故又称软质酸奶或液体酸奶。因此类产品在灌装前进行发酵，故属于前发酵型。

搅拌型酸奶的一般工艺为：原料乳→标准化→均质→热处理→冷却→接种→发酵→搅拌添加果料→冷却灌装→贮存／销售。经过处理的原料乳接种发酵剂后，先在发酵罐中发酵至凝乳，再降温搅拌添加果料、冷却，分装至销售用的小容器中，即为成品。

酸豆奶

酸豆奶是以豆浆为原料，添加或不添加发酵促进剂（牛奶或可供乳酸菌利用的糖类），经乳酸菌发酵制成的发酵豆制品。

酸豆奶营养丰富，含有18种氨基酸及丰富的钙、铁、锌等营养素。经过益生菌发酵，豆浆中的植酸含量降低了50%，低聚糖、脂肪氧化酶等大豆抗营养因子被乳酸菌产生的蛋白酶分解，从而提高了产品中铁、锌、钙等营养素的生物利用率。大豆蛋白经水解后转变成小分子短肽，更易被人体消化吸收。活性乳酸菌及其代谢产物能有效抑制人体肠道内有害菌的生长，可辅助治疗肠道有害菌引起的疾病，提高人体免疫力，增强抗病能力，降低血清中胆固醇含量。经乳酸菌发酵后口感风味改善，豆腥味明显减弱，具有醇厚、清新的酸香味，饮用后引起的肠胀气现象明显减少。

果汁醋酸饮料

选用两种或两种以上新鲜水果或浓缩果汁为基础原料，通过醋酸菌发酵产生果酸，再经调配制成的复合型饮料制品称为果汁醋酸饮料。

果汁醋酸饮料的生产工艺流程为：（新鲜水果→）浓缩果汁→稀释→调酒精度→加水定容→调整 pH →接种→醋酸发酵→加入食用酒精→发酵至工艺要求→加稀释果汁混合→继续通风→发酵→杀菌→贮存→形成发酵原液。

果汁醋酸饮料是继第一代柠檬饮料、第二代可乐型饮料、第三代乳酸饮料之后的第四代健康美容饮料。果汁醋酸饮料酸甜适口，果香浓郁，色泽鲜亮，营养丰富，除具有防暑降温、生津止渴、增进食欲、消除疲劳的作用外，还含有丰富的营养成分，具有多种医疗保健作用和美容作用。

果 醋

果醋是以水果为原料，接入乳酸菌和醋酸菌发酵制成的特殊调味品。

果醋通常采用两步式发酵，即乳酸菌将糖类转化为酒精，醋酸菌发酵酒精生产醋酸。不同果醋、不同醋酸菌的发酵工艺参数不尽相同。

果醋发酵的方法有固态发酵法、液态发酵法和固－液发酵法，因水果的种类和品种不同而定。一般以梨、葡萄、桃以及沙棘等含水多、易榨汁的果实为原料时，宜选用液态发酵法；以山楂、猕猴桃、枣等不易榨汁的果实为原料时，宜选用固态发酵法；固－液发酵法选择的果实介于前两者之间。市场上的果醋和果醋饮料有山楂醋、中华猕猴桃醋、柿子醋、麦饭石保健醋、葡萄醋、蜂蜜醋、菠萝醋、苹果醋、梨醋、黑糖醋、沙棘醋等。

发酵过程中，微生物将水果中的大部分糖转化为有机酸。水果原料中的各类维生素、矿物质、氨基酸等营养物质损失较少，保留在果醋成品内。因此果醋产品保留了水果本身的营养元素，还丰富了产品中有机酸的种类与含量。水果发酵过程中通过糖酵解产生的大量丙酮酸可在有氧条件下参与人体的柠檬酸循环，从而促进有氧代谢，加速沉积乳酸的清除，达到消除疲劳的作用。果醋中含有的锌、钾等矿物元素参与人体代谢后会生成碱性物质，有助于维持血液酸碱平衡。

酒　醋

酒醋是以白酒生产过程中所产生的黄水或葡萄酒为原料，用速酿造法制成的食醋。以白酒生产过程中所产生的黄水为原料，经过二次发酵将酒精转化为醋酸，并需去毒、除臭、过滤。由白酒生产过程中所产生的黄水制成的酒醋，为红褐色，鼻闻有醋酸味，口尝醋酸带酒味，无其他怪味，酒醋含酸相当于麦麸醋酸。风味较差，多用于调制各种含酸味酱料。

葡萄酒醋被认为是葡萄酒生产过程中自发产生的一种低成本的副产品。商业化产品主要以葡萄果园中过剩或较便宜的葡萄酒为原料，经过二次发酵将酒精转化为醋酸。葡萄酒醋在欧洲是一种珍贵且常见的醋，一些葡萄酒醋以特定的原产地保护名称（PDO）销售，如西班牙南部的雪莉酒醋（Vinagre de Jerez）、韦尔瓦县醋（Vinagre de Condado de Huelva）和蒙提拉－莫里莱斯醋（Vinagre de Montilla-Moriles）。几乎任何一种葡萄酒都可以制成葡萄酒醋，成品为红色或白色。高级的葡萄酒醋会指定作为原料的葡萄酒类型，如梅洛醋（Merlot vinegar）、霞多丽醋（chardonnay vinegar）等。

青梅酒

青梅酒是用青梅为原料制造的饮料酒。梅树原产中国，多分布于长江以南各地，其果实系球形核果，未熟时为青色，成熟时一般呈黄色，具清香而味极酸。加工用梅果通常在未熟前采收，故名青梅。因其具有鲜艳的色彩、幽雅的清香和特殊的口味，用来配制饮料酒的历史悠久。

在热酒时放入青梅煮酒，是早期简单的配制青梅酒并即时饮用的方式，具有方便性和随意性。现

青梅酒

在用青梅作为原料制造青梅酒有三种方法：一是采用发酵方法；二是采用发酵与浸泡结合的方法；三是采用食用酒精（或白酒、黄酒）为酒基的浸泡调配方法。按照《中国饮料酒分类》的国家标准（GB/T 17204—2008），采用前两种方法生产的青梅酒属果酒类，而用第三种方法生产的青梅酒属配制酒类。

青梅酒具有亮丽的色泽、幽雅的果香与酒香以及丰富的口感。其色泽有纯天然梅汁的浅金黄色，人工调制的深金黄色和翠绿色。口味有干型和甜型两种，以甜型为主。它适宜任何场合饮用，餐前可增进食欲，餐后帮助消化，也可兑苏打水作为饮料，具有开胃、促进唾液分泌等功效。

生产青梅酒的国家主要有中国和日本。

乳酸饮料

乳酸饮料是在乳或乳制品的基础上添加其他成分的含乳饮料。又称乳（奶）饮料、乳（奶）饮品。

含乳饮料可分为配制型和发酵型。配制型含乳饮料以乳或乳制品为原料，加入水，以及白砂糖和（或）甜味剂、酸味剂、果汁、茶、咖啡、植物提取液等的一种或几种调制而成。

发酵型含乳饮料以乳或乳制品为原料，经乳酸菌等有益菌培养发酵制得的乳液中加入水，以及白砂糖和（或）甜味剂、酸味剂、果汁、茶、咖啡、植物提取液等的一种或几种调制而成，又称酸乳（奶）饮料、酸乳（奶）饮品，如乳酸菌饮料。根据是否经过杀菌处理，又可将其分为杀菌（非活菌）型和未杀菌（活菌）型。

优酸乳添加的维生素 A 和维生素 D 可提高免疫力，帮助更好地吸收钙质；铁和锌可促进营养均衡吸收，有助健康成长；牛磺酸可促进营养物质的吸收；等等。优酸乳并非发酵型酸奶，而是含奶饮料，牛奶含量较少，只含三分之一鲜牛奶，配以水、甜味剂、果味剂等，所以蛋白质含量只有不到 1%，营养价值低于酸奶。

乳酸菌发酵饮料

乳酸菌发酵饮料是以牛奶、豆奶、花生奶、果汁、蔬菜汁等为原料，经乳酸菌发酵后调制而成的发酵饮料。

乳酸菌发酵饮料种类繁多，根据浓度可分为浓缩型乳酸菌发酵饮料和稀释型乳酸菌发酵饮料；根据是否杀菌可分为活性乳酸菌发酵饮料和非活性乳酸菌发酵饮料。添加果汁或其他调味料又可生产出多种风味的乳酸菌发酵饮料。发酵菌种主要为保加利亚乳杆菌、嗜热链球菌、双歧杆菌、嗜酸乳杆菌。

原料经过乳酸菌发酵后，可产生有机酸、多酚类化合物及其他抗氧化物质，从而提高饮料的营养价值。有机酸可促进肠道蠕动，提高人体对各种营养物质的吸收利用率，对致病菌有拮抗作用。乳酸菌发酵后，饮料中的醇类、酮类以及萜类等风味物质增多，调节了饮料本身的酸度，改善了饮料的风味，还可延长饮料的保存期。

乳酸菌发酵饮料与酸乳（酸奶）的不同点在于，乳酸菌发酵饮料的乳固体含量较低，呈液体状，乳酸菌数量较少。

发酵蔬菜汁饮料

发酵蔬菜汁饮料是蔬菜或蔬菜汁经乳酸发酵制成汁液，再加入水、食盐、糖等调制成的饮品。

发酵蔬菜汁饮料可分为乳酸菌发酵蔬菜汁乳饮料和泡菜风味发酵蔬菜汁。①乳酸菌发酵蔬菜汁乳饮料。在蔬菜汁中添加少量乳粉和供乳酸菌利用的乳糖，所用的菌种与生产酸奶的菌种相同。乳酸菌发酵蔬菜汁乳饮料既有酸奶的乳香，又有蔬菜的清香，且营养比酸奶更丰富。②泡菜风味发酵蔬菜汁。采用发酵泡菜中分离的乳酸菌，选择合适的扩大培养基培养后接种于蔬菜汁中发酵制成。适用于组织较软，不适宜做泡菜的蔬菜（如番茄）。

以发酵胡萝卜汁饮料为例，其生产流程为：原料→去皮修整→破碎→热烫→打浆→加热杀菌→冷却→接种→发酵→口味与稳定性调配→均质→分装→杀菌（或冷藏）→冷却成品。

乳酸发酵是一种冷加工方式，加工过程中原料营养不流失，且乳酸菌可产生多种氨基酸、维生素、酶、有机酸和醇类物质等，可提高营养价值，改善风味，延长保质期，还可增加蔬菜汁的保健作用。

发酵茶饮料

在茶叶或茶提取物为主的基质中接种特定微生物，通过它们的代谢等作用使茶叶发生深度生理生化变化后制成的饮料。按照茶叶种类不同，发酵茶饮料分为发酵绿茶饮料、发酵红茶饮料、发酵黄茶饮料、发酵白茶饮料、发酵乌龙茶饮料和发酵黑茶饮料。按接种微生物种类不同，发酵茶饮料分为细菌发酵茶饮料、酵母菌发酵茶饮料、霉菌发酵茶饮料和食药用真菌发酵茶饮料。主要的发酵茶饮料包括红茶菌饮料、保健茶饮料、冠突散囊菌发酵茶饮料、茶啤酒饮料和茶酒饮料等。

◆ 红茶菌饮料

红茶菌是红茶水、白糖酿成含酵母菌、醋酸菌和乳酸菌的菌液。因菌膜酷似海蜇皮，被誉为海宝。红茶菌具有帮助消化的功能，可治疗多种胃病，被称为胃宝。红茶菌含有多糖、茶多酚、低聚异麦芽糖、醋酸、乳酸、柠檬酸和益生菌等，具有多种保健功能。

◆ 保健茶饮料

保健茶饮料是在特定茶汁中，按一定比例接种保加利亚乳杆菌或嗜热乳酸杆菌等一种或多种特定菌种，在特定温度下发酵一定时间后，制得的具有茶香、营养丰富、风味独特的茶饮料。

◆ 冠突散囊菌发酵茶饮料

冠突散囊菌发酵茶饮料是利用冠突散囊菌直接发酵茶汁所得的茶饮料，汤色红艳透明、甜香味浓郁、滋味醇和，且具有黑茶的保健功能。

◆ 茶啤酒饮料

利用茶叶提取物、麦芽糖及其他辅料接种啤酒酵母制得的茶啤酒饮料。是具有啤酒风味且有茶保健功能的茶啤酒。

◆ 茶酒饮料

以茶汁或茶提取物为底物，添加少量的糖类物质作为碳源，接种酵母进行发酵，然后经过陈酿、调配而成的具有茶风味和保健功能的含酒精饮料。

德宏酸茶

德宏酸茶是主产于中国云南省德宏州德昂族的特色茶类。又称湿茶或沾茶。酸茶是德昂族长期饮用和食用的一种乳酸菌发酵茶，风味独特。从原料加工和品质等分析，一般认为其是"古老普洱茶"中的一类。德昂族被认为是云南最早的土著民族"濮人"的后裔。德昂族擅长种茶和喜好饮浓茶，几乎家家周围都会种植茶树，因此德昂地区有很多古茶树。德昂族被誉为"古老的茶农"，其最著名的就是德昂族酸茶。

◆ 加工工艺

加工工艺有两种：①土坑法。人类尚未发明使用陶器前，将鲜茶叶采摘后，用新鲜芭蕉叶包裹茶叶，放入事先挖的深坑内埋7天左右，然后将茶叶取出在阳光下揉搓并晒2天，待茶叶稍干时又将其包裹放回深坑内3天，取出晒干便可泡饮。泡饮时使用沸水，其味酸苦，有清洁口腔、清热解暑的功效。做菜用的酸茶则要在第二道工序时多放几天，取出后要在碾臼舂碎，晒干。食用时用水泡发后凉拌，其味酸涩回味，使人增加食欲。②陶器法。陶器创制后，便直接利用陶罐腌制酸茶。经采摘、鲜叶验收、装罐密封进窖池发酵等工艺加工制成。

◆ 品质特征

为条索状外形，条索规整、圆润、显毫，叶底清晰。由于特殊的发酵制作工艺，致使香气和滋味中拥有的独特酸香（随着年份的增长显现出乳香、桂花香、奶酪香），既有生茶的清香，又有熟茶的柔和，无苦涩感，汤色偏暗红，香气微酸清郁；入口轻柔舒爽，口感丰富，滋味醇厚，过喉温润，柔和清新；饮后回甘生津，类似滇橄榄的回味。

有机酸发酵

有机酸发酵是采用淀粉或其他含糖物质为原料,经微生物发酵生产有机酸的过程。

利用有机酸发酵生产的有机酸可以分为两类:①与糖酵解、三羧酸循环代谢有关的有机酸,如 α-酮戊二酸、柠檬酸、乳酸、苹果酸、琥珀酸等。②直接氧化生产有机酸,如乙酸、葡萄糖酸等。常用于有机酸发酵的微生物主要有黑曲霉(生产柠檬酸及葡萄糖酸)、醋化醋杆菌(生产醋酸)、德氏乳杆菌(生产乳酸)、酵母菌(生产 α-酮戊二酸)、土曲霉(生产富马酸、衣康酸、曲酸)、铜绿假单胞菌(生产水杨酸)、谢氏丙酸杆菌(生产丙酸)等,其中真菌是生产有机酸的主要菌种。由微生物合成的有机酸种类很多,且逐年增加,但已应用于工业生产的有机酸尚属少数,主要有柠檬酸、乳酸、醋酸、葡萄糖酸、衣康酸、苹果酸、丙酸、琥珀酸、水杨酸、抗坏血酸、曲酸、赤霉酸等。其中柠檬酸发酵、乳酸发酵和醋酸发酵在食品工业具有广泛的应用。发酵生产的有机酸产品被认为是食品、医药生产中最安全的原料或辅料,因此发酵法生产有机酸已成为有机酸生产的主要方法。

醋酸发酵

乙醇在醋酸菌的作用下氧化成醋酸的过程称为醋酸发酵。醋酸是食醋的主要成分。传统食醋发酵多为固态发酵，需进行低温糖化和乙醇发酵，多种微生物协调发酵，配用多量的辅料和填充料，所得产品香气浓郁，口味醇厚，色深质浓，风味较好。现代多采用液态深层发酵提高原料利用率，产量大、成本低，但风味较差。由于醋酸发酵的原料一般为淀粉质的粮食和薯类，故醋酸发酵实际上可分为 3 个阶段。①原料的液化与糖化。将淀粉降解为可被醋酸菌利用的小分子糖。②乙醇发酵。糖在厌氧条件下发酵生成乙醇。③醋酸发酵。乙醇在好氧条件下被醋酸菌氧化成醋酸。机理为：乙醇在乙醇脱氢酶的催化下氧化成乙醛，乙醛水化成乙醛水化物，最后乙醛水化物被脱氢酶氧化成醋酸。总反应式为 $CH_3CH_2OH+O_2 \rightarrow CH_3COOH+H_2O$。理论上，46 克乙醇可生成 60 克纯醋酸，但实际低于理论值，原因主要有：①醋酸在发酵过程中挥发损失。②醋酸作为微生物的碳源被代谢成 CO_2 和水。

工业醋酸细菌包括醋酸杆菌属和葡萄糖酸杆菌属，中国常用的中科 1.41 和沪酿 1.01 菌株均为醋酸杆菌属细菌。

醋加工技术

中国有着悠久的醋酿造历史。《周礼·天官·膳夫》中说："掌王之食饮膳馐，……酱用百二十瓮。"郑玄注："酱谓醯醢也。"实际上，醯就是醋，可见至迟在周代便有了醋。

醋的产生和酒的酿造有着密不可分的关系。"醋"在中国古代也叫"酢"，"醋"或"酢"都是"酉"字旁，"酉"是"酒"最早的甲骨文写法，"醋"是古人根据醋由酒产生而创制的会意字。甚至深受中国文化影响的日本人，在平安朝（749～1192）的古籍中仍称米醋为"苦酒"。由于中国古代酿制的酒精度数较低，所以当遇到空气中的产酸菌时，就会进一步氧化呈现酸味变成醋。

《食经》里记载了用大豆制作醋的工艺，"作大豆千岁苦酒法，用大豆一斗，熟汰之，渍令泽。炊爆极燥，以酒醅灌之"。《齐民要术》里更详细记载了醋的多种酿制工艺，成为后世醋酿造工艺的基础。如以粟米为原料的"作大酢法"，七月初七这天，取好水，储存备着，取麦䴷一斗，不要簸扬，然后取三斗冷却了的粟米熟饭，按照麦䴷、水、粟米三者1：3：3的比例，根据瓮的大小，依次加减，直到填满瓮，不可搅拌。下一步用丝绵蒙住瓮口，上面用一把拔出鞘的刀横在瓮上压住，待七天后的早晨，倒入一碗新打的井水，到了第三个七天，再倒入一碗井水，醋便酿造完成了。需要注意的是，在瓮里要提前放入一个舀瓢，方便用来舀醋，以防改变醋的味道。

食醋酿造

淀粉质或糖质原料、细谷糠和麸皮等经前处理、发酵、发酵后处理生产食醋的过程称为食醋酿造。

中国食醋酿造的主料有含淀粉原料、含糖原料、含酒精原料等，普遍采用含淀粉原料，主要有薯类、谷类原料等。淀粉质原料固态发酵时须先粉碎，加水蒸料，以使淀粉颗粒吸水膨胀，利于液化和糖化，通过蒸料还能去除某些有害物质和灭菌。液态发酵时，原料需加 3 倍水浸泡，煮熟呈粥状。

醋酸是食醋的主要成分，醋酸发酵一般包括 3 个阶段。①淀粉水解。以大曲、小曲或酶制剂为糖化剂将淀粉水解成葡萄糖等可发酵性糖。②酒精发酵。酵母菌利用可发酵性糖进行酒精发酵。③醋酸发酵。醋酸菌以酒精为原料进行醋酸发酵。按发酵方式可分为固态发酵工艺和液态发酵工艺。固态发酵之后，采用浸淋法抽提食醋，即淋醋，得到的半成品还须经陈醋、配兑、灭菌方能制得食醋成品；而液态发酵法则对醋醪压滤，再经配兑和灭菌制得食醋成品。与固体发酵法相比，液态发酵法生产的食醋风味和颜色欠佳。但液态发酵法发酵周期较短，可实现机械化和管道化，节省劳力，提高了卫生质量。

在食醋酿造中，与食醋质量相关的生化反应还包括蛋白质的水解和酯类合成。原料中的蛋白质经过蒸煮适度变性后，在曲霉分泌的蛋白酶作用下逐步水解成氨基酸。除提供微生物的氮源外，残留在食醋中的氨基酸是食醋的鲜味成分，部分氨基酸还可形成色素。酵母菌和醋酸菌在代谢过程中产生的有机酸如葡萄糖酸、琥珀酸等与醇反应生成酯类，赋予食醋芳香气味，在陈酿过程中可形成更多酯类。醋酸菌还能氧化酵母产生的甘油生成二酮，具有淡薄的甜味，使食醋更为醇厚。

柠檬酸发酵

微生物利用淀粉或糖类等原料发酵制得柠檬酸的过程称为柠檬酸发

酵。微生物利用糖质原料通过糖酵解途径生成丙酮酸。丙酮酸进一步氧化脱羧生成乙酰辅酶 A。乙酰辅酶 A 和丙酮酸羧化所生成的草酰乙酸缩合成为柠檬酸。柠檬酸是代谢过程中的中间产物。大多数微生物在代谢过程中均能合成柠檬酸，但柠檬酸可在乌头酸水合酶和异柠檬酸脱氢酶共同作用下降解，故正常代谢情况下极少有柠檬酸的积累。只有当微生物体内的乌头酸水合酶和异柠檬酸脱氢酶活性很低而柠檬酸合成酶活性很高时，柠檬酸才能大量积累。淡黄青霉、黑曲霉、温氏曲霉、解脂假丝酵母、毕赤酵母、球拟酵母、汉逊氏酵母等微生物均有产生过量柠檬酸分泌到培养基的能力，其中黑曲霉、温氏曲霉和解脂假丝酵母产柠檬酸能力较强。而黑曲霉因产柠檬酸能力较强和能利用多种碳源，是生产柠檬酸的最好菌种。柠檬酸发酵的生产条件与菌种、工艺、原料有关。黑曲霉产柠檬酸的适宜温度为 28 ～ 30℃，温度过高易形成草酸、葡萄糖酸等副产物且菌体易衰老；温度过低，发酵周期则被延长。发酵时应该尽量将 pH 降至 3.0 以下，以抑制草酸的形成。此外，柠檬酸发酵是典型的好氧发酵过程，对氧十分敏感。发酵法生产柠檬酸可分为固态发酵法、浅盘发酵法和液态深层发酵法，其中液态深层发酵法是中国柠檬酸生产的主要方法。

乳酸发酵

将糖类发酵生成乳酸的过程称为乳酸发酵。乳酸是一种用途广泛的重要有机酸，为一元羧基酸，化学式为 $CH_3CH(OH)COOH$，因存在于酸牛奶中而得名。乳酸按其结构可分为 L- 乳酸（右旋）、D- 乳酸（左旋）及 DL- 乳酸（消旋），其产销量仅次于柠檬酸。19 世纪 80 年代，就开始了用微生物发酵生产乳酸，1944 年中国开始工业化发酵生产。微生物发酵产 L- 乳酸产业发展很快，主要原因是：①发现 D- 乳酸对人体有危害，食品、医药领域都用 L- 乳酸。②塑料制品对环境的污染，而 L- 乳酸聚合物制成的制品能完全自然降解，成为大量塑料用品的代用品。

乳酸发酵是以淀粉为原料，通过酶法制糖、微生物发酵、膜滤法后提取、浓缩等主要步骤制取乳酸产品。根据菌种、代谢途径、产物的不同，乳酸发酵可分为同型乳酸发酵、异型乳酸发酵和双歧杆菌发酵。同型乳酸发酵是指嗜酸乳杆菌、德氏乳杆菌等乳酸杆菌利用葡萄糖经糖酵解（EMP）途径降解为丙酮酸，丙酮酸在乳酸脱氢酶的作用下产生乳酸。异型乳酸发酵是肠膜明串珠菌和葡聚糖明串珠菌利用磷酸戊糖解酮酶（PK）途径，除生成乳酸外，还生成二氧化碳（CO_2）和乙醇。双歧杆菌发酵是指两歧双歧杆菌利用磷酸己糖解酮酶（HK）途径生成乳酸和乙酸。

代谢产物发酵

代谢产物发酵是以微生物代谢产物为目标产品的发酵。

微生物代谢产物发酵、微生物菌体发酵、微生物酶发酵、微生物转化发酵和生物技术的生物细胞发酵构成现代发酵工业。其中代谢产物发酵数量最多、产量最大，也是最重要的部分。微生物菌体生长繁殖过程中产生大量代谢产物，如核苷酸、氨基酸、乳酸、柠檬酸、乙醇等初级代谢产物，以及抗生素、生物碱、毒素等次级代谢产物。因此，代谢产物发酵包括初级代谢产物发酵和次级代谢产物发酵。许多代谢产物具有重要的经济价值，从而形成了不同的发酵工业，如酒精发酵、氨基酸发酵、柠檬酸发酵、抗生素发酵等。代谢产物发酵使发酵食品成为食品工业重要的组成部分。例如，酒精发酵是食用酒精、白酒、黄酒、葡萄酒生产的基础；乳酸发酵可用于生产酸奶、发酵果蔬汁等；柠檬酸发酵、黄原胶发酵等为食品工业提供了安全的添加剂。此外，代谢产物发酵在制药工业也有重要应用，如抗生素是一类重要的微生物药物。 微生物发酵工艺多样，主要包括菌种的选育、种子的扩大培养、发酵和下游处理等。首先根据目标产物选定发酵菌体。为了给发酵阶段提供相当数量的代谢旺盛的种子，需对菌体进行扩大培养。发酵阶段是代谢产物合成和积累的关键阶段，必须根据微生物的代谢特性严格控制发酵条件，才能有效地合成并积累目标产物。发酵结束后，为了获得高纯度的目标产物，通常需要进行分离、纯化；对于利用代谢产物发酵生产发酵食品，则通常需要陈酿阶段以赋予发酵食品良好的风味。

第5章

发酵食品微生物

经发酵制造食品所利用的食品微生物称为发酵食品微生物。发酵食品是通过微生物产生的复杂酶使食品中的有机物质发生化学反应得到的。生产发酵食品过程中最常用的微生物有细菌（醋酸杆菌、非致病棒杆菌、乳酸菌等）、酵母（酿酒酵母、椭圆酵母等）、霉菌（毛霉属、根霉属、曲霉属、红曲霉属等）。经发酵食品中微生物作用制得的食品类型通常有以下5类：①酒精饮料。如白酒、黄酒、果酒、啤酒等。②乳制品。如酸奶、酸奶油、马奶酒、干酪等。③豆制品。如豆腐乳、豆豉、纳豆、丹贝等。④发酵蔬菜。如泡菜、酸菜等。⑤调味品。如食醋、黄酱、酱油、味精等。

◆ 细菌

细菌的形态常随生活环境的变化而改变，但在一定的环境条件下，各种细菌具有一定的形态。基本形态有球状、杆状和螺旋状3种类型。大多数球菌的直径为0.5～1.0微米，杆菌的大小一般为0.5～1.0微米×1.0～3.0微米，产芽孢的细菌一般比无芽孢的细菌稍大些。细菌的质量一般在1×10^{-9}～1×10^{-10}毫克左右，但比面值（某一物体单位体积所占有的表面积）很大，生长繁殖速度快，新陈代谢活跃。以大肠杆菌为例，其在合适的生长条件下分裂 1 次只需要 12.5 ～ 20 分钟，因而 1 小时内至少可以分裂 3 次。此外，它还可以分解自身重量 1000 ～ 10000 倍的乳糖。将细菌的这些性质用于食品工业中，可创造出多种有用的产品。用于发酵食品的细菌主要有醋酸杆菌、非致病棒杆菌和乳酸菌 3 种。

醋酸杆菌

常见于腐烂的水果、蔬菜、酸化的酒类和果汁中。属革兰氏阴性无芽孢菌，多为短杆状，直或稍弯，两头圆，单生、成对或成链，大小为 0.6 ～ 1.0 微米 ×1.7 ～ 1.9 微米。醋酸杆菌具有很强的氧化能力，可在醋酸含量为 2% ～ 11% 的条件下氧化乙醇生成醋酸，是制造食醋的主要菌种。中科 AS.41 醋酸杆菌、沪酿 1.01 醋酸杆菌是中国食醋生产中较为常用的两种菌种。

非致病棒杆菌

经常从土壤、水、空气和被污染的细菌培养皿或血平板中分离得到。非致病棒杆菌中的谷氨酸棒杆菌、力士棒杆菌、解烃棒杆菌经常用于味精（L- 谷氨酸盐）的生产。它们能将糖分解成有机酸，并将含氮物质分解成铵离子，再进一步合成谷氨酸并积累于发酵液中。

乳酸菌

能产生乳酸，是发酵乳制品制造过程中起主要作用的一类菌。根据糖发酵代谢途径可将其分为同型发酵乳酸菌和异型发酵乳酸菌。

同型发酵乳酸菌可使发酵液中 80% ～ 90% 的糖转化为乳酸，仅有少量其他副产物。进行同型发酵的乳酸菌有：干酪乳杆菌、保加利亚乳杆菌、嗜酸乳杆菌、瑞士乳杆菌、乳酸乳球菌、嗜热链球菌及乳链球菌丁二酮乳新亚种。

异型发酵菌将发酵液中 50% 的糖转化为乳酸，另外的糖转化成其他有机酸、醇和二氧化碳等。进行异型发酵的菌种有短乳杆菌、葡聚糖肠膜明串珠菌和乳脂明串珠菌等。

在食品工业中，通常根据不同产品的要求，将以上各菌种以不同的组合形式制成发酵剂，用于发酵乳制品的生产。常见的产品有酸奶油、干酪、酸奶等。

◆ 酵母

酵母菌是一种典型的真核微生物，在自然界中分布很广，通常在偏酸的含糖环境，如水果、蜜饯的表面和果园土壤中发现。酵母细胞多为单细胞，直径为细菌细胞的 10 倍，常以球形、卵圆形、圆柱形、柠檬形、梨形等形态存在。利用酵母的菌体或酵母的发酵作用能酿酒，制作面包、馒头、单细胞蛋白质（SCP）等多种食品。酵母细胞中含有蛋白质、碳水化合物、脂肪、维生素、酶和无机盐等。酵母菌的蛋白质含量（按干基计）一般为 51% ～ 55%，维生素含量丰富多样，绝大多数是水溶性的，因此酵母是良好的蛋白质资源。但需注意供食用的酵母须加以精制除去核酸，因为过多的核酸摄入会引发人体痛风和肾结石等疾病。食品工业中常用的酵母菌有酿酒酵母、椭圆酵母、卡尔酵母和异常汉逊酵母 4 种。

酿酒酵母

又称啤酒酵母，对酒精有较高的耐受能力，广泛用于酒类和面包的制造。按照细胞长和宽的比例可将其分成 3 种类型：①细胞为圆形、卵圆形或卵形，长宽比小于 2，主要用于淀粉质原料生产酒精和白酒，以及面包的制作。②细胞以卵形和长卵形为主，长宽比约为 2，这类酵母主要用于啤酒、葡萄酒和果酒的酿造。③细胞为长圆形，长宽比大于 2，这类酵母菌的耐高渗能力强，常用于以甘蔗糖蜜为原料的酒精生产。

椭圆酵母

细胞为卵圆形，其他生化特性与酿酒酵母类似，除耐较高浓度的乙醇外，还耐较高的葡萄汁酸度和较低浓度的二氧化硫，常用于葡萄酒的酿造。

卡尔酵母

啤酒酿造中典型的底面酵母（在液体基质内繁殖时，沉降至底部的酵母），能发酵葡萄糖、半乳糖、蔗糖、麦芽糖及所有的棉子糖，不发酵蜜二糖和乳糖。它的形态与生化特性都与酿酒酵母相似，不同之处是卡尔酵母具有完全发酵棉子糖的能力。此类酵母可供食用、药用和饲料用。另外，它也是维生素测定菌，可用于测定泛酸、吡哆酸和肌醇。

异常汉逊酵母

细胞多为球形、卵形或圆柱形，多边芽殖，常形成假菌丝。能发酵葡萄糖、蔗糖、麦芽糖、半乳糖、棉子糖，但不能利用蜜二糖和乳糖。由于能产乙酸乙酯，并能利用葡萄糖产生磷酸甘露葡聚糖，可应用于纺织及食品工业。白酒和无盐发酵酱油的增香都可采用此菌。

◆ 霉菌

丝状真菌的俗称，通常指菌丝体较发达但不产生大型肉质子实体的真菌。它们生活在土壤、空气、水以及动植物的表面。食品工业中常见常用的霉菌有毛霉属（鲁氏毛霉、总状毛霉）、根霉属（黑根霉、米根霉、无根根霉）、曲霉属（米曲霉、黑曲霉、黄曲霉）、红曲霉属、木霉属（绿色木霉、康氏木霉）和地霉属（白地霉）6 个属。

毛霉属

菌体外形呈毛状，无假根和匍匐枝，菌丝无横隔，多核，孢子囊梗直接由菌丝体生出。繁殖方式可以由子囊孢子直接萌发，也可由接合孢子进行繁殖。毛霉能产生蛋白酶，因而具有分解蛋白质的能力，可用于制作腐乳、豆豉等。某些种毛霉还具有较强的糖化能力，能糖化淀粉，可用于酒精及有机酸工业原料的糖化和发酵过程。

根霉属

形态与毛霉较为相似，但存在匍匐枝和假根，这是与毛霉属区别的主要形态特征。根霉能产生淀粉酶，可将淀粉转化为糖，是酿酒业中常用的糖化菌。

曲霉属

菌丝体由具有横隔的分枝菌丝组成，无假根，有足细胞，为多细胞菌丝。分生孢子从分化了的菌丝（具有厚壁的足细胞）上直立长出。分生孢子的形态、大小、颜色和纹饰都是鉴别曲霉菌的重要依据。

曲霉具有多种强活性的酶系，在酿造工业中得到了广泛的应用。如应用于酿酒的糖化菌具有液化、糖化淀粉的淀粉酶，同时还有蔗糖转化酶、麦芽糖酶、乳糖酶等；有些菌能产生较强的酸性蛋白酶，可用来分解蛋白质或用作食品消化剂。黑曲霉所产生的果胶酶常用于果汁澄清，柚苷酶和橙皮苷酶用于柑橘类罐头去苦味或防止产生白色沉淀，葡萄糖氧化酶则用于食品的脱糖和除氧。

曲霉能产生延胡索酸、乳酸、琥珀酸、柠檬酸等多种有机酸。食品工业中应用较多的曲霉属的菌有宇佐美曲霉、米曲霉和黑曲霉等。

红曲霉属

在培养基上生长时，初期菌丝体为白色，随后变成淡粉色、紫粉色或灰黑色等，一般能产生红色素，可作为天然红色色素的来源。红曲霉能利用多种糖类和酸类，也能利用硝酸钠、硝酸铵等。红曲霉还能产生许多酶系，如淀粉酶、麦芽糖酶、蛋白酶等。在食品工业中，红曲霉常用于酒醋类的酿造以及豆腐乳的着色等。

木霉属

菌丝有横隔，分枝多，呈不规则分枝或轮生。在培养基上生长速度较快，生长初期菌落呈白色，随后变为不同的绿色，菌丝体呈棉絮状或致密丛束状。分枝菌丝上的短侧枝即为分生孢子梗，梗上长有分生孢子，孢子呈无色或淡绿色，形态以球形、椭球形或圆筒形为主。木霉含有多种酶系，特别是纤维素酶含量很高，可用于纤维素下脚料制糖、淀粉加工、食品和饲料的发酵等。

地霉属

菌落形态与酵母相近，但其有真菌丝，菌丝内有横隔，菌丝成熟后形成孢子，多呈白色。地霉菌含有丰富的营养物质，可食用或作为饲料。该菌可在泡菜、腐烂的水果蔬菜、粪便以及有机肥料中发现。

酿醋微生物

酿醋微生物是指参与发酵淀粉、糖类、乙醇等生产醋的微生物。

中国的食醋酿造已有 2000 多年的历史。《周礼·天宫》《荀子·正名》《隋书酷吏传》都有关于食醋的记载。传统的食醋品种有大曲醋、小曲醋、酒醋和糟醋等。传统工艺酿醋是利用自然界中的野生菌制曲、发酵，因此涉及的微生物种类繁多。新法制醋均采用人工选育的纯培养菌株进行制曲、酒精发酵和醋酸发酵，因而发酵周期短、原料利用率高。

酿醋工艺多种多样。如果使用淀粉质原料，一般要经过淀粉糖化、酒精发酵、醋酸发酵 3 道工序。参与这 3 道工序的微生物主要有曲霉、酵母菌和醋杆菌。曲霉的主要作用是通过其所产生的淀粉酶、糖化酶等酶水解淀粉或蛋白质。在生产中常用的有甘薯曲霉、宇佐美曲霉、黑曲霉和米曲霉等。酵母菌的主要作用是以其所产生的酒化酶把糖类转化为酒精和二氧化碳。在生产上一般采用子囊菌亚门酵母属中的酵母，但不同的酵母菌株，其发酵能力不同，产生的味道和香气也不同。常用的有啤酒酵母及其变种、克氏酵母和南阳五号（1300）酵母等。醋杆菌的主要作用是氧化酒精生成醋酸，除氧化酒精外，有些醋杆菌还能氧化糖生成琥珀酸、乳酸等。醋酸发酵时还能产生酯，可增加食醋的香气。在生产上常用的醋酸菌有奥尔兰醋杆菌、许氏醋杆菌、恶臭醋杆菌等。

醋酸菌

醋酸菌是醋酸杆菌科的一类细菌。细胞形态椭圆状，单生、成对或成链，在培养物中易呈多种畸形，如球形、丝状、棒状、弯曲等。无芽孢，有鞭毛或无鞭毛。根据鞭毛的形态可分为两种：①周生鞭毛细菌，可将醋酸进一步氧化成二氧化碳和水。②极生鞭毛细菌，不能进一步氧化醋酸。为异养到杆需氧型微生物。幼龄菌呈革兰氏阴性，老龄菌不稳定。广泛分布于果园的土壤中、葡萄或其他浆果或酸败食物表面，以及未灭菌的醋、果酒、啤酒、黄酒中。在糖源充足的条件下，醋酸菌可直接将葡萄糖转变成醋酸；在氧气充足的条件下可将酒精氧化成醋酸，从而制成醋。生长过程中可产生乳白色的菌膜，代谢产物含有纤维素，具有酸腥味，与酵母菌共生有促进生长的作用。大多数醋酸可以六碳糖和甘油为碳源，在进行醋酸菌培养时，培养基中需添加糖及酵母膏。

产丙酸丙酸杆菌

产丙酸丙酸杆菌是丙酸杆菌科丙酸杆菌属细菌。

细胞呈不规则的杆状，有时类似球形，有时为有分枝的小杆状。为无芽孢及无鞭毛的 G^+ 兼性厌氧菌。最适生长温度 30 ～ 37℃。部分菌株可在含 6.5%NaCl 的环境中生长。能发酵葡萄糖产生丙酸、乙酸和 CO_2。

在马血洋菜上厌氧培养两天，表面菌落针点状至 1 毫米，圆形或稍不规则，凸面或垫状，全缘或稍呈扇形，灰色或白色，半不透明。通常不溶血，但在汇聚着生长物的区域之下可稍呈 β- 溶血作用。在深层洋菜中的菌落呈白色，继续培养后变成粉色。葡萄糖营养液培养物浑浊，带有细腻的或胶黏的沉淀，最终 pH4.1～4.9。生长需要泛酸和生物素，硫胺素可刺激其生长。细胞壁含有 L- 二氨基庚二酸、葡萄糖、半乳糖和甘露醇。主要存在于乳酪、乳制品中，可参与瑞士干酪的成熟过程，使干酪产生特殊香味和气孔。

2014 年中国国家卫生计生委批准产丙酸丙酸杆菌为新食品原料。

乳酸菌

乳酸菌是发酵消耗糖类 50% 以上生产乳酸的一类无芽孢、革兰氏阳性的兼性厌氧细菌的总称，非分类学名称。

1857 年，法国微生物学家 L. 巴斯德在研究乳酸发酵过程中发现了乳酸菌，而后不断发现分离新物种，直至 20 世纪 60 年代对乳酸菌的分类工作才趋于确立。

细胞形态为杆菌或球菌，过氧化氢酶阴性，无运动性或极少，菌落为乳白色。益生菌的很多物种属于乳酸菌。除了依据形态学和生化性质进行分类外，还有 DNA 同系物、GC% 及菌体脂肪酸组成等分类办法，已进入分子水平阶段。主要包含乳杆菌、乳球菌、明串珠菌、链球菌及片球菌等。

广泛存在于动物肠道、植物降解物、发酵型乳制品及食品中，可适应各个生存环境并和其他微生物之间形成共生关系。主要用于制造酸奶、乳酪、腌渍食品、调味品或其他发酵食品、饲料添加剂及保健食品。具有调节肠道菌群、生物防腐等功能，一些产细菌素或胞外多糖的乳酸菌可用于医药、食品及化妆品等领域。

乳酸链球菌

乳酸链球菌是菌体成链状的乳酸菌。细胞卵圆形，并在链长轴的方向伸长，直径 0.5 ～ 1.0 微米。大多数成对或短链，在部分培养物中可形成长链。适宜生长温度 30℃，温度达 45℃ 不生长。乳中生长良好。可利用葡萄糖、麦芽糖及乳糖产酸。木糖、阿拉伯糖、蔗糖、海藻糖、甘露醇和柳醇可能被发酵，也可能不被发酵。不利用棉子糖、菊粉、甘油或山梨醇产酸。不能使酪氨酸脱去羧基。有些菌株产生抗生素——尼生素（nisin），可抑制多种革兰氏阳性菌。在含 4%NaCl 培养基中生长，培养基 NaCl 浓度达 6.5% 时不生长。在 pH9.2 时生长，而在 pH 达 9.6 时不能生长。在 0.3% 的美蓝牛奶中生长。有些菌株能够代谢亮氨酸产生 3- 甲基丁醇（3-methylbutanal），具有普通乳制品中没有的麦芽味。

分布于乳与乳制品、青贮饲料及乳品用具和设备上。是制作酸奶和干酪的菌种，在牛乳中能迅速生成乳酸，使牛乳发生酸凝固。乳酸链球菌具有调节肠道菌群、降低胆固醇、促进免疫等功能，广泛应用于微生态保健品及饲料添加剂。可产生乳酸链球菌素，是一种高效无毒的天然生物防腐剂。

乳酸片球菌

乳酸片球菌是片球菌属的一种。细胞呈球形，不延长，不形成链状，通常以双球菌或四叠球菌形式出现。革兰氏染色阳性。不形成芽孢，不合成细胞色素。营养类型为化能异养；兼性厌氧。最适生长环境为 pH6.2，生长温度范围 25～40℃。生长繁殖需要烟酸、泛酸、生物素和氨基酸等多种生长因子。大部分菌株可以发酵葡萄糖、核糖等，进而产生 DL- 乳酸，为同型乳酸发酵。

一般存在于蔬菜等食品中，对动植物无致病性。能够产生具有抑菌活性的片球菌素。不同发酵碳源乳酸片球菌发酵液的抑菌效果存在很大差异，以葡萄糖作为发酵碳源时抑菌活性最强。发酵产生的有机酸对延长食品保质期起重要作用。可调节胃肠道菌群，维持肠道微生态平衡。在动物体内对病原微生物有拮抗作用，可竞争性地抑制病原微生物，增强动物机体的免疫功能，产生有益的代谢产物，激活酸性蛋白酶活性，参与机体的新陈代谢，防止有害物质产生。

短乳杆菌

短乳杆菌是乳杆菌科乳杆菌属细菌。短乳杆菌细胞呈短直杆状，两端钝圆，单生或短链状排列，无鞭毛。不形成芽孢。革兰氏染色阳性。接触酶、氧化酶阴性。在空气中不生长，兼性厌氧，发酵葡萄糖、葡萄糖酸钠、阿拉伯糖、果糖、核糖、乳糖、麦芽糖、蜜二糖、半乳糖等产酸。能在与人体小肠胆盐浓度接近的环境中生长；食盐的适宜浓度为 2%～3%。在 pH 为 6.0 附近生长良好，在 pH 为 3.0 的环境中也能表现出良好的耐酸性，但 pH 过低或过高都会抑制其生长。发酵的适宜温度为 29.5～30℃。

低温条件下短乳杆菌的存活率和产酸能力降低，但谷胱甘肽、果糖、谷氨酸钠、维生素 C 对低温下的短乳杆菌有保护作用，可提高菌体的存活率和产酸能力，而且使菌体生长的迟滞期变短，产酸加快。其中谷胱甘肽和谷氨酸钠保护效果更好，且冷冻时间越长，保护效果越明显。

短乳杆菌分布较广，存在于植物茎叶表面，常见于泡菜中，在人和动物体消化系统中以小肠内最多。常用于发酵食品。

嗜酸乳杆菌

嗜酸乳杆菌是乳杆菌属的一种。属革兰氏阳性杆菌，呈细长杆状，最适生长温度为 35～38℃，20℃以下不生长，耐热性差。最适 pH 为 5.5～6.0，耐酸性强。厌氧或兼性厌氧，可利用葡萄糖、果糖、乳糖、蔗糖进行同型发酵，发酵产生无光学活性结构的 DL 型乳酸。蛋白质分解力弱。

嗜酸乳杆菌广泛存在于人及一些动物的肠道中，具有抑制肠道致病菌、缓解乳糖不耐症、降低血清胆固醇、延缓衰老效应、生物屏障作用等多种生理作用。

嗜酸乳杆菌广泛应用于乳品工业。可用于香肠等发酵食品中实现超低盐化快速发酵。

植物乳杆菌

植物乳杆菌是乳酸菌的一种。呈直或弯的杆状，单个、有时成对或成链状。通常缺乏鞭毛，但能运动。革兰氏阳性，不生芽孢。菌落呈圆形，直径约 3 毫米，凸起，表面光滑细密，色白，偶尔呈浅黄或深黄色。厌氧或兼性厌氧。拥有乳酸菌中最庞大的基因组，适应性强，可在 10 ～ 45℃ 的温度下生长，可适应 3.2 ～ 4.2 或更高的 pH 水平。属同型发酵乳酸菌。属化能异养菌，生长需要营养丰富的培养基，需要泛酸钙和烟酸。可发酵戊糖或葡萄糖酸盐，终产物中 85% 以上为乳酸。可大量产酸，且产出的酸性物质可降解重金属。

具有调节免疫、抑制致病菌、降低血清胆固醇含量和预防心血管疾病、维持肠道菌群平衡、促进营养物质吸收、缓解乳糖不耐症、抑制肿瘤细胞形成等多种保健作用。

在发酵肉类制品、发酵果蔬汁、泡菜及香肠等多种发酵产品中被发现。在食品中高水平的存在使其成为一个理想的生产益生菌的备选材料。可净化水质，可用于水质老化池塘的水质净化。

清酒乳杆菌

清酒乳杆菌是乳杆菌属的乳酸细菌。最初在米酒中发现，后来发现普遍存在于风干香肠、发酵香肠等发酵肉制品中。在发酵香肠中占有主导地位，可作为发酵剂赋予香肠良好的风味和品质。和弯曲乳杆菌一起被认为是最适合肉制品环境的微生物。清酒乳杆菌作为肉制品中的主要菌群，在肉类环境中具有良好的生长性能，且大多数清酒乳杆菌细菌素对单核增生李斯特菌具有抑制作用，在肉制品的发酵和保藏中具有潜在的应用价值。2014 年中国国家卫生计生委批准清酒乳杆菌为新食品原料。

罗伊氏乳杆菌

罗伊氏乳杆菌是乳杆菌属的一种，是轻微不规则、末端圆形的弯曲杆菌，属转性异型发酵菌种，能发酵糖产生 CO_2、乳酸、乙酸和乙醇。为革兰氏阳性菌。

罗伊氏乳杆菌几乎存在于所有脊椎动物和哺乳动物肠道内，具有降低胆固醇、提高机体免疫力的功能。可调节肠道菌群平衡，对治疗儿童轮状病毒腹泻、儿童功能性肠道回流症，缓解由肠道菌群失调所引起的儿童便秘具有良好的效果。对婴儿绞气具有显著疗效。

代谢甘油可产生抑菌物质——罗伊氏素（reuterin）。大多数乳酸菌产生的细菌素或类细菌素抗菌谱较窄，只能抑制与产生菌种属相近的一些细菌。罗伊氏乳杆菌产生的罗伊氏素为广谱抗菌物质，可抑制埃希氏菌、沙门氏菌、志贺氏菌、李斯特菌、弧菌、梭菌、葡萄球菌等细菌。15 ～ 30 毫克 / 毫升的罗伊氏素即可抑制革兰氏阳性菌和阴性菌、酵母、真菌及原生动物生长；浓度超过该范围 4 ～ 5 倍时，可杀死包括罗伊氏乳杆菌本身的乳酸菌。罗伊氏素对人和动物无害，在生物抑菌剂、抗感染治疗剂、生物交联剂、新型生物材料的前体等方面前景广阔。应用于食品、饲料、饮料等的防腐可提高产品货架期；作为生物抑菌剂，可用于不能高温灭菌的食品、生物材料的灭菌；作为婴儿食品添加剂，可用于调节婴儿肠道菌群分布；作为口香糖添加剂，可用于杀死口腔病原菌以预防龋齿；作为抗感染治疗剂，可替代抗生素用于动物病原虫引发疾病的治疗。2003 年中国卫生部批准罗伊氏乳杆菌可作为保健食品益生菌种。

乳酪链球菌

乳酪链球菌是乳球菌属细菌。又称乳酸乳球菌乳脂亚种。

细胞圆形或卵圆形，卵圆形的长轴方向与链的方向相同。直径 0.6～1.0 微米（常大于乳链球菌）；形成长链，在牛奶中更是如此。但在有些培养物中成对的细胞占优势。革兰氏染色阳性。最适温度约 30℃，在 40℃ 时不生长。在葡萄糖培养液中最终 pH 为 4.0～4.5。利用葡萄糖和乳糖产酸、可能发酵海藻糖和柳醇也可能不发酵。对麦芽糖、蔗糖、棉子糖或甘露醇的发酵是罕见的。不发酵阿拉伯糖、木糖、菊糖、甘油和山梨醇。在可能发酵的糖存在的情况下，有些菌株能降解柠檬酸盐产生二氧化碳、醋酸和丁二醇。有些菌株可产生细菌素，称双球菌素。

乳酪链球菌和乳链球菌的区别是：后者能利用精氨酸产氨，通常在含 4%NaCl 的培养液中生长，一般在 pH9.2 的培养液中能生长，在 0.3% 的亚甲蓝牛奶中生长。而前者在这些试验中均为阴性。

乳酪链球菌存在于生乳与乳制品中，是制作干酪的主要菌种。

丁二酮乳酸链球菌

丁二酮乳酸链球菌是一种乳球菌。旧称乳链球菌丁二酮亚种。

丁二酮乳酸链球菌的特性与乳酸链球菌基本相同。不同之处在于乳酸乳球菌丁二酮乳酸亚种能发酵柠檬酸盐，产生二氧化碳和丁二酮。丁二酮为一种芳香物质，可提高发酵乳制品的适口性。为使牛乳发酵时产生较多的丁二酮，可在加入该菌发酵的同时，向乳中添加 0.15% 的柠檬酸钠。

在乳酸菌中，丁二酮乳酸链球菌的产酸能力较强。中国乳业研究专家刘振民等对比研究了嗜热性乳酸菌、乳球菌的产酸特性以及影响后酸化的因素，结果显示，乳酸乳球菌乳酸亚种、乳酸乳球菌乳油亚种、乳酸乳球菌乳酸亚种丁二酮变种的最大产酸速率分别为 7.650T/h、6.520T/h、9.650T/h。

副干酪乳杆菌

副干酪乳杆菌是乳杆菌属的一种。呈革兰阳性，兼性厌氧，不运动，无芽孢，过氧化氢酶阴性。广泛存在于传统发酵乳制品及人体胃肠道中。具有抗菌、抗氧化、调节免疫、治疗肠道疾病、降低血浆胆固醇、控制血压、保护肝脏、防止肿瘤发生等多种医疗保健作用。可有效改善各类型过敏原（如尘螨、花粉等）引起的多种过敏症状，包括气喘、过敏性鼻炎、结膜炎、异位性皮肤炎、荨麻疹、湿疹、偏头痛、肺炎等，且无任何副作用。可用于乳制品、保健食品、饮料、饼干、糖果、冰激凌的生产，但不包括婴幼儿食品。可用于生产乳酸菌制剂。可用于 L- 乳酸的生产，代谢可产生细菌素、苯乳酸等，是具有潜在开发价值的天然食品防腐剂。2008 年卫生部批准副干酪乳杆菌为新资源食品。

短双歧杆菌

短双歧杆菌是放线菌科双歧杆菌属的一种乳酸细菌。

细胞短，纤细或粗大，常为棒状杆菌，有或无分叉。革兰氏染色有时可见颗粒。细胞在盐水中自动黏结。菌落凸面至垫状，表面平滑或波曲，全缘，直径 2～3 毫米，质地柔软。苦杏仁苷反应阳性，七叶灵和纤维二糖反应可能缓慢。由葡萄糖产生的最终产物为乙酸和 L-（+）-乳酸；不产气。厌氧，46.5℃ 和 20℃ 不生长。

是制作乳品发酵剂常用的菌种。具有缓解季节性过敏性鼻炎和间歇性哮喘、改变脂肪代谢、调节免疫、抑制致病菌等多种益生功能。短双歧杆菌 M-16V 已通过美国食品药品监督管理局的一般认为安全的物质（GRAS）认定，可用于婴幼儿配方奶粉；已列入欧盟安全资格认定（QPS）推荐的生物制剂列表，并列入国际乳业联盟（IDF）"具有在食品中安全使用记录史的微生物清单"。中国卫生部已将短双歧杆菌列入《可用于食品的菌种名单》（2011）与《可用于婴幼儿食品的菌种名单》（2016）。

长双歧杆菌

长双歧杆菌是放线菌科双歧杆菌属的一种乳酸细菌。属革兰氏阳性菌。细胞多形态，呈杆状、棒槌状或勺状，不形成芽孢。属专性厌氧菌。MRS 培养基中厌氧培养生长良好，适宜生长温度 37～38℃，适宜生长 pH6.0～7.0。

长双歧杆菌可发酵葡萄糖、果糖、核糖、棉子糖、乳糖、半乳糖、蔗糖、蜜二糖、阿拉伯糖等产生乳酸和乙酸。个别菌株对牛乳的发酵性能较弱，但水解酪蛋白能力较强，并可通过柠檬酸盐代谢产生 2,3-丁二酮，赋予发酵乳奶油风味。此外，长双歧杆菌发酵的乳中挥发性短链脂肪酸如乙酸含量较高。个别菌株具有耐受胃酸和胆汁酸的特性，于肠道中可存活，并对绝大多数抗生素表现敏感，但对链霉素、庆大霉素、新霉素为中度敏感。

该菌从健康长寿老人的粪便中分离得到，黏附于肠上皮细胞，可调整肠道菌群平衡及免疫调节功能。可用于生产益生菌剂，制备成微胶囊或以保护剂制成冻干菌粉或冷冻菌液，添加于酸奶或保健饮品中。

中国卫生部已将长双歧杆菌列入《可用于食品的菌种名单》（2011）与《可用于婴幼儿食品的菌种名单》（2016）。

鼠李糖乳杆菌

鼠李糖乳杆菌是乳杆菌属的一种。其不产芽孢，无鞭毛，不运动。菌体长短不一，两端呈方形，常成链。菌落粗糙，灰白色，有时呈微黄色；在 LBS 番茄汁琼脂和 MRS 琼脂培养基中菌落较大，呈奶油白色，不透明，且散发奶油味。为革兰阳性厌氧菌，无质粒。不能利用乳糖，但可代谢单糖。营养要求复杂，厌氧，耐酸，最适 pH 为 5.5 ～ 6.2，最适生长温度为 30 ～ 40℃。

鼠李糖乳杆菌存在于人的肠道内容物、大便及女性阴道中，也常出现于牛奶和乳制品中。为人体正常菌群之一，可耐受动物消化道环境，肠道黏着率高，定植能力强，可促进细胞分裂。具有调节肠道菌群、平衡和改善胃肠道功能、改善慢性便秘、预防和治疗腹泻、排出毒素、预防呼吸道感染、预防龋齿、增强人体自身免疫能力、预防过敏、改善阴道菌群等多种生理功能。

乳酸按其旋光性可分为 D-（-）-乳酸、L-（+）-乳酸和 DL-乳酸，人体只能代谢利用其中的 L-乳酸，而鼠李糖乳杆菌发酵过程中只产生 L-乳酸，不会产生对产品的安全性和口感有影响的其他酸类。应用范围广泛，主要包括：酸奶或其他发酵乳制品、牛奶、新鲜干酪、婴儿食品、乳饮料或非乳饮料以及医药品等。耐酸性强，可稳定存活于苹果汁和菠萝汁中，可用于功能新果汁的开发。

乳酸拮抗

乳酸菌与其他菌在同一体系生长时，由于其分泌乳酸，造成体系的 pH 下降，抑制其他菌生长的现象称为乳酸拮抗。

乳酸是乳酸菌发酵过程中的主要代谢产物，可使 pH 降低并抑制多种微生物生长，对食品中常见的致病菌如大肠杆菌、李斯特菌、沙门氏菌等均具有明显的抗菌效果。但其抗菌机理却还不十分清楚，大多将其归结于 pH 的作用。一方面，由于质子浓度的增加可以直接起到降低 pH 的作用，使乳酸可以为食品提供一个低酸性环境而达到抑菌效果；另一方面，乳酸分子可以通过接触或进入微生物细胞，降低细胞内 pH，影响其正常的生理代谢活动，从而起抑菌作用。

乳酸对致病菌的抑制效果受 pH 的影响。在接近中性的环境下，不同浓度的乳酸对大肠杆菌、沙门氏菌和李斯特菌等致病菌的生长有明显抑制效果，1% 和 2% 的乳酸可以有效抑制 3 种致病菌的生长。在偏酸性环境中，0.5% 及以上浓度的乳酸可以有效抑制 3 种菌的生长。

乳链菌肽

乳链菌肽是部分乳酸链球菌产生的一种多肽物质。又称乳酸链球菌素、尼生素、乳酸菌素等。

乳链菌肽由 34 个氨基酸组成，活性分子常为二聚体、四聚体等。对于乳链菌肽的单体，其中含有 5 种稀有氨基酸，包括氨基丁酸、脱氢丙氨酸、β-甲基脱氢丙氨酸、羊毛硫氨酸和 β-甲基羊毛硫氨酸，它们通过醚键形成 5 个环。氨基末端为异亮氨酸，羧基末端为赖氨酸，其分子式为 $C_{143}H_{228}N_{42}O_{37}S_7$。

乳链菌肽抑制细菌的生长及芽孢的萌发是基于其对细胞表面强烈的吸附进而引起细胞质的释放而实现的。乳链菌肽是带有正电荷的疏水短肽，可以作用于革兰氏阳性菌细胞壁带负电荷的阴离子成分，如磷壁酸、糖醛酸磷壁酸、酸性多糖和磷脂。相互作用导致其与细胞壁形成管状结构，使得相对分子质量较小的细胞成分从孔道中泄漏，导致细胞内外能差消失，对蛋白质、多糖等物质的生物合成产生抑制作用。

乳链菌肽能有效抑制革兰氏阳性菌，如对肉毒杆菌、金黄色葡萄球菌、溶血链球菌及李斯特菌的生长繁殖，尤其对产生孢子的革兰氏阳性菌和枯草芽孢杆菌及嗜热脂肪芽孢杆菌等有很强的抑制作用；革兰氏阴性菌因其细胞壁成分复杂且结构致密，乳链菌肽无法通过，因而对其不能发挥作用。乳链菌肽对霉菌和酵母的影响也较弱。乳链菌肽不仅对细菌的生长细胞有抑制作用，而且对细菌所产生的芽孢也有抑制作用，抑制机理为抑制芽孢的萌发而不是杀死芽孢。

乳链菌肽可用于乳及乳制品、食用菌和藻类罐头、杂粮罐头和部分杂粮制品（仅限杂粮灌肠制品）、方便米面制品（仅限方便湿面制品）、方便米面制品（仅限米面灌肠制品）、预制肉制品、熟肉制品、熟制水产品（可直接食用）、蛋制品（需改变物理性状）、醋、酱油、酱及酱制品、复合调味料和饮料类等。

平酸菌

平酸菌是引起罐头食品酸败变质但不胖听（即产酸不产气）的微生物。属兼性厌氧芽孢杆菌科，主要有嗜热脂肪芽孢杆菌和凝结芽孢杆菌。二者均可使食品中糖类分解而产生酸（乳酸、甲酸、醋酸）及水解淀粉。①嗜热脂肪芽孢杆菌的芽孢呈椭圆形，亚端生或端生，通常使孢囊膨大。最高生长温度 65 ～ 75℃。在 pH4.5 以上生长良好，pH4.5 以下生长受到抑制，故其导致的平酸性变质主要发生在低酸性和中酸性罐藏食品中。可分解食品原料中的碳水化合物生成一些使食品变酸的低碳脂肪酸。生长繁殖过程中通常不产生气体或只产生少量气体，所以腐败后的罐头一般仍保持正常的外形。②凝结芽孢杆菌最高生长温度为 55 ～ 60℃，最低生长温度为 15 ～ 25℃，低于 pH4.6 仍能萌发并引起酸败，但低于 pH4.2 不能生长。其芽孢呈椰圆形或柱状，一次端生或端生，偶尔中生。有些菌株孢囊膨大不明显，有些菌株的孢囊大。该菌能够引起牛奶和番茄制品罐头酸败。在罐头食品生产工业中，通常通过观察菌体形态及特定的生化反应鉴别平酸菌。平酸菌广泛分布于土壤、灰尘和各种变质食品中。

有机酸发酵微生物

有机酸发酵微生物是能发酵生产有机酸的微生物，例如曲霉、青霉、根霉、毛霉、假丝酵母、醋酸杆菌、乳酸杆菌、明串珠菌、石蜡节杆菌、棒杆菌和葡糖酸杆菌等。

有机酸是分子中含有羧基（—COOH）的酸类，动、植物和微生物体内存在许多有机酸，微生物合成的有机酸已知有 50 多种，其中已经工业化生产的有柠檬酸、乳酸、醋酸、葡萄糖酸、苹果酸、曲酸、衣康酸（甲叉丁二酸）、α 酮戊二酸、丙酸、琥珀酸、抗坏血酸、水杨酸等。有机酸广泛地用于纺织、鞣革、食品、医药、树脂合成、塑料制品等领域，对经济发展和人们的日常生活起着重要的作用。中国古代，人们并不知道有微生物的存在，但已经开始利用微生物的自然发酵来制造食醋，中国周朝的《礼记》中就有关于醋的记载，其主要成分就是醋酸，1861年，法国科学家 L. 巴斯德证明酒的醋化是由啤酒和葡萄酒表面皮膜内的微生物所致。此后，人们不仅研究了产生醋酸的微生物，而且发现许多微生物能产生各种有机酸。微生物大量生产各种有机酸，是与化学合成、天然资源提取的竞争中成长起来的。

◆ 醋酸产生菌

主要是醋杆菌属和葡糖酸杆菌属的许多种。它们能以酒精为原料，在有氧条件下，将乙醇脱氢生成乙醛，再使乙醛加水、脱氢生成醋酸。但从醋酸发酵液中分离醋酸，比起乙炔合成法和木材干馏法，在经济上很不合算，所以醋酸发酵用于纯醋酸的生产十分少见，因而此法多用于食醋生产。

◆ **乳酸产生菌**

1857 年，巴斯德用显微镜观察到牛奶变酸是由微生物所致。此后，人们发现大量能进行乳酸发酵的微生物，仅细菌就有 50 多种，主要有乳杆菌属、明串珠菌属、片球菌属、链球菌属。另外，根霉属、毛霉属、芽枝霉属也有很强的产乳酸能力。

◆ **柠檬酸产生菌**

1893 年，C. 韦默尔发现青霉属、毛霉属的真菌能发酵糖液生成柠檬酸，后又陆续分离出很多种产生柠檬酸的真菌和细菌。其中发酵碳水化合物的有黑曲霉、泡盛酒曲霉、斋藤曲霉、温特曲霉、平滑青霉、橘青霉等；发酵碳氢化合物的有解脂假丝酵母、热带假丝酵母、涎沫假丝酵母、石蜡节杆菌、棒杆菌和雅致曲霉等。

以糖质为原料的柠檬酸工业生产主要使用黑曲霉，并普遍采用深层发酵工艺。

20 世纪 70 年代初，中国选出一株能直接发酵薯干粉生产柠檬酸的黑曲霉。发酵中不需添加任何辅料，产酸率达 8% ～ 9%。后来又选出了一株产柠檬酸的黑曲霉，经 γ 射线处理后，产酸率达 15% ～ 17%，对糖的转化率达 90%，菌落小、菌丝色白、孢子穗稀，合成培养基上不生孢子。接种假丝酵母发酵液体石蜡生产柠檬酸也在生产上得到应用。

◆ **其他有机酸产生菌**

葡糖酸多用于医药，除葡糖酸杆菌生产葡糖酸的能力较强外，曲霉菌属、棒杆菌属、假单胞菌属、青霉菌属、假丝酵母菌、镰刀菌属都可产生葡糖酸，其中黑曲霉产品纯，杂酸少，易提取，在工业生产上应用较广。反丁烯二酸的生产菌主要有根霉和毛霉，尤其米根霉产酸力强，发酵糖质原料时，对糖的转化率达到 90% ～ 95%。以石蜡为原料生产反丁烯二酸多采用假丝酵母（例如皱褶假丝酵母），反丁烯二酸的产率达 6%，对石蜡的转化率达 116%。生产苹果酸的微生物有曲霉、青霉和酵母等。也有人用担子菌生产苹果酸，转化率达 40% ～ 50%。曲酸可为香精的生产原料，人们用米曲霉和黄曲霉生产曲酸。中国用黄曲霉3.2789 的变异株发酵淀粉水解糖，曲酸产率达 4.6 克 /100 毫升，转化率达 50% 左右。蔗糖、木糖、甘露醇等都是发酵生产曲酸的好原料。此外，还可用黑曲霉发酵单宁生产五倍子酸，用土曲霉发酵淀粉水解糖生产甲叉丁二酸，用酮戊二酸短杆菌发酵液体石蜡生产 α- 酮戊二酸，用铜绿色假单胞菌以萘为碳源生产水杨酸，用假丝酵母氧化液体石蜡或单一烷烃生产混合二元酸或癸二酸等。

第 6 章

酸味药

味属酸，以收敛固涩、固表止汗、固精缩尿、敛肺止咳为主要作用的一类中药称为酸味药。此类药物均具酸味，酸属阴，主入肺、大肠经，酸能收、能敛。主要功效为生津止渴、固涩收敛、涩肠止泻、固崩止带、敛心神、安蛔止痛、开胃生津、清利咽喉、敛涩脱肛等，有些酸味药还具有补肝、柔肝、平肝的作用。

酸味药主要适用于体虚多汗、久泻肠滑、崩带不止、久咳虚喘、遗精滑精、疮疡溃烂、四肢厥冷、蛔厥等，也能用于肺虚气逆，兼夹虚火、胃阴不足、肝虚等。

配伍应用：酸味药与苦味药配伍，如芍药味酸配伍苦味药黄芩，可清热止痢、止痛的作用；与甘味药配伍，如五味子、酸枣仁配伍柏子仁、人参、甘草等，可用于失眠多梦，虚烦不安、健忘之证；与辛味药配伍，如乌梅味酸与辛味的川椒、细辛同用，可用于治疗胃热肠寒、虚实夹杂的蛔厥证。

用药禁忌：酸味药多有收涩的功效，有敛邪的弊端，所以表邪未解、郁热未清者不能过早使用；滑脱不禁且余邪未尽者不可单独使用。

现代研究：酸味药主要含鞣质、挥发油、苯丙素、生物碱、苷类、有机酸类等，其中有机酸主要包含脂肪族二元多脂羧酸、芳香有机酸、萜类有机酸等，无机元素钾的含量相对较高。现代研究表明，鞣质类成分能与蛋白结合生成难溶于水的鞣酸蛋白，有利于局部止血和修复等，鞣质和有机酸类可收涩、止泻、抗炎、抗菌、抑制蛔虫，同时有镇咳、安神、减少肠蠕动的作用。

酸枣仁

酸枣仁是鼠李科植物酸枣的干燥成熟种子。属养心安神药。又称枣仁。始载于《神农本草经》。

◆ 产地和分布

酸枣在中国广泛分布。常生长于向阳、干燥山坡、丘陵、岗地或平原。

秋末冬初采收成熟果实，除去果肉和核壳，收集种子，晒干。商品药材主要来源于野生。

◆ 性状

酸枣仁

酸枣仁呈扁圆形或扁椭圆形，长 5 ～ 9 毫米，宽 5 ～ 7 毫米，厚约 3 毫米。表面紫红色或紫褐色，平滑有光泽，有的有裂纹。有的两面均呈圆隆状突起；有的一面较平坦，中间有 1 条隆起的纵线纹，另一面稍突起。一端凹陷，可见线形种脐；另端有细小突起的合点。种皮较脆，胚乳白色，子叶 2，浅黄色，富油性。气微，味淡。

◆ **药性和功用**

酸枣仁微甘、带有酸味，性平，归肝、胆、心经。具有养心补肝、宁心安神、敛汗、生津功能，用于虚烦不眠、惊悸多梦、体虚多汗、津伤口渴。

◆ **成分和药理**

酸枣仁主要含有三萜（如酸枣仁皂苷 A、B，白桦脂酸）、黄酮（如酸枣黄素）、生物碱、核苷、脂肪酸等，具有镇静催眠、抗惊厥、抗焦虑、增强记忆、降压、防治动脉粥样硬化、免疫增强等作用。

◆ **用法和禁忌**

酸枣仁有养心阴、益肝血、宁心安神作用，为滋养性安神药。治疗心脏亏虚、神不守舍，症见惊恐恍惚、多梦健忘、睡卧不宁者，可与人参、朱砂等配伍。治疗心经气血虚损，兼有痰饮停于心下而致惊悸不眠者，可与龙眼肉、茯苓、半夏、代赭石等同用。与川芎、知母、茯苓等配伍，可治疗肝血不足、阴虚阳亢之虚烦不眠。与干地黄配伍，可治疗骨蒸心烦不得睡卧；酸枣仁研末，用竹叶煎汤调服，可治疗胆虚睡卧不安。此外，因思虑过度、劳伤心脾、心失所养，以致怔忡健忘、食少不眠，多与人参、黄芪、龙眼肉、当归等同用。治疗心肾不足、阴亏血少、虚火易动，症见虚烦心悸、睡眠不安、口干舌燥者，

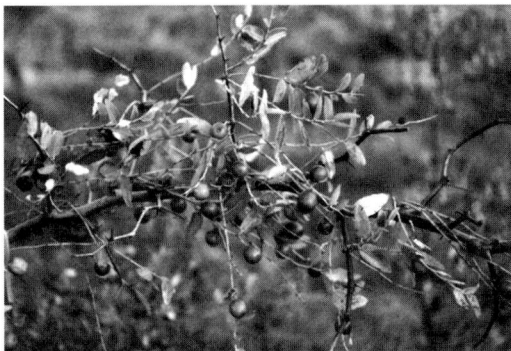

酸枣

皆可于对症治疗中加用酸枣仁，以增强宁心安神之效。酸枣仁略具收敛之性，故亦用于体虚自汗、盗汗之证，但需随证配伍滋阴养血或益气固表，以及其他收涩敛汗之品。

煎服用量 9～15 克，研末吞服一次 1～1.5 克。炮制炒枣仁时，只宜微火炒至枣仁鼓起，不可炒焦。

乌 梅

乌梅是蔷薇科植物梅的干燥近成熟果实。属敛肺涩肠药。始载于《神农本草经》。

◆ 产地和分布

梅在中国各地均有栽培，主产于浙江、福建、云南等地。夏季果实近成熟时采收，低温烘干后闷至色变黑。商品药材主要来源于栽培。

◆ 性状

乌梅呈类球形或扁球形，直径 1.5～3 厘米。表面乌黑色或棕黑色，皱缩不平，基部有圆形果梗痕。果核坚硬，椭圆形，棕黄色，表面有凹点；种子扁卵形，淡黄色。气微，味极酸。

◆ 药性和功用

乌梅味酸、涩，性平，归肝、脾、肺、大肠经。具有敛肺、涩肠、生津、安蛔之功，用于肺虚久咳、久泻久痢、虚热消渴、蛔厥呕吐腹痛。

◆ 成分和药理

乌梅主要含有机酸（枸橼酸、苹果酸、儿茶酸等），具有改善肝脏机能、软化血管、抗菌、镇咳、镇静、抗惊厥、抗衰老、驱蛔虫等作用。

◆ **用法和禁忌**

乌梅味酸，能敛浮热、吸气归元，故主下气。用于治疗肺虚久咳少痰，可与罂粟壳、杏仁配伍。用于治疗久泻不止，可配伍肉豆蔻、诃子、罂粟壳等；配伍黄连，可用于治疗湿热泻痢、便脓血。配伍豆豉用水煎服，可治疗消渴烦闷。配伍细辛、蜀椒、干姜、黄连等，可治疗蛔虫引起的腹痛呕吐。

煎服用量3～10克，大剂量可至30克；外用适量，捣烂或炒炭研末外敷。外有表邪或内有实热积滞者不宜服。感冒发热、咳嗽多痰、胸膈痞闷之人忌食，菌痢、肠炎的初期忌食。妇女正常月经期及怀孕妇人产前产后忌食。

木 瓜

木瓜是蔷薇科植物贴梗海棠的干燥近成熟果实。属祛风寒湿药。又称铁脚梨。始载于《名医别录》。

◆ **产地和分布**

贴梗海棠产于中国安徽、浙江、湖北、四川等地。夏、秋二季果实绿黄时采收，置沸水中烫至外皮灰白色，对半纵剖，晒干。商品药材主要来自栽培或野生。

◆ **性状**

木瓜长圆形，多纵剖成两半，长4～9厘米，宽2～5厘米，厚1～2.5

厘米。外表面紫红色或红棕色，有不规则深皱纹。剖面边缘向内卷曲，果肉红棕色，中心部分凹陷，棕黄色。种子扁长三角形，多脱落，质坚硬。气微清香，味酸。

◆ 药性和功用

木瓜味酸，性温，归肝、脾经。具有舒筋活络、和胃化湿功能，用于吐泻转筋、湿痹、脚气、水肿、痢疾。

◆ 成分和药理

木瓜主要含二萜（齐墩果酸、熊果酸、酒石酸等）、黄酮（槲皮素、金丝桃苷、槲皮苷）、有机酸（咖啡酸、绿原酸、苹果酸）等，具有镇痛、抗炎、保肝、松弛胃肠道平滑肌、抑菌、调节免疫力等作用。

◆ 用法和禁忌

木瓜适用于湿痹腰脚疼痛、筋脉拘挛、不能转动者。若与吴茱萸配伍，可用于寒湿内侵、霍乱吐泻转筋，或下肢痿软无力、疝气腹痛等。与秦艽配伍，可用于风湿痹痛、筋脉挛急等。与五加皮配伍，可用于风湿痹症，尤以腰膝、下肢痛楚为重者。此外，木瓜为治脚气肿痛要药，可配伍薏苡仁以健脾利湿、舒筋除痹。

煎服用量 6 ～ 9 克。内有郁热、小便短赤者慎服。

山 楂

山楂是蔷薇科植物山里红（*Crataegus pinnatifidavar.major*）或山楂（*Crataegus pinnatifida*）的干燥成熟果实。属消食药。又称红果子、棠棣子。始载于《本草经集注》。

焦山楂饮片

◆ **产地和分布**

山里红或山楂产于中国东北地区及内蒙古、河北、河南、山东、山西、陕西、江苏。生于山坡林边或灌木丛中。

秋季果实成熟时采收，切片，干燥。商品药材主要来源于栽培。

◆ **性状**

山楂饮片为圆形片，皱缩不平，直径1～2.5厘米，厚0.2～0.4厘米。外皮红色，具皱纹，有灰白色小斑点。果肉深黄色至浅棕色。中部横切片具5粒浅黄色果核，但核多脱落而中空。有的片上可见短而细的果梗或花等残迹。气微清香，味酸、微甜。

◆ **药性和功用**

山楂味酸、甘，性微温，归脾、胃、肝经。具有消食健胃、行气散瘀、化浊降脂功能，用于肉食积滞、胃脘胀满、泻痢腹痛、瘀血经闭、

山楂树

山楂果实

产后瘀阻、心腹刺痛、胸痹心痛、疝气疼痛、高脂血症；焦山楂消食导滞作用增强，用于肉食积滞、泻痢不爽。

◆ **成分和药理**

山楂主要含黄酮、三萜皂苷、皂苷、鞣质、脂肪酸、红色素等，具有抗心肌缺血、抗脑缺血、抗肿瘤、调节血脂、促进脂肪消化、调节胃肠功能等作用。现代研究发现山楂对胃平滑肌有双向调节的作用，可增强心肌收缩能力，有抗心绞痛、降压、降血脂、抗氧化、增强免疫功能等功效。

◆ **用法和禁忌**

山楂与莱菔子、神曲等配伍，可增强消食化积的功效；与木香、青皮配伍，可行气消滞；与当归同用，可活血化瘀、调经止痛；与黄连同用，可清胃消食、治腹痛、下痢。另外，山楂还可直接食用及酿果酒饮用。

煎服9～12克。脾胃虚弱而无积滞者及胃酸分泌过多者慎用或不用。

山茱萸

山茱萸是山茱萸科植物山茱萸的干燥成熟果肉。属固精缩尿止带药。又称枣皮。始载于《神农本草经》。

◆ **产地和分布**

山茱萸在中国山西、陕西、甘肃、山东、江苏、浙江、安徽、江西、河南、湖南等省均有分布。朝鲜、日本也有分布。药材主产于浙江、安徽、河南、陕西、山西等地。

秋末冬初果皮变红时采收果实，用文火烘或置沸水中略烫后，及时

山茱萸花

山茱萸

除去果核，干燥。商品药材来源于野生或栽培。

◆ **性状**

山茱萸呈不规则的片状或囊状，长 1 ～ 1.5 厘米，宽 0.5 ～ 1 厘米。表面紫红色至紫黑色皱缩有光泽。顶端有的有圆形宿萼痕，基部有梗痕。质柔软。气微，味酸、涩、微苦。

◆ **药性和功用**

山茱萸味酸、涩，性微温，归肝、肾经。具有补益肝肾、收涩固脱之功，用于眩晕耳鸣、腰膝酸痛、阳痿遗精、遗尿尿频、崩漏带下、大汗虚脱、内热消渴。

◆ **成分和药理**

山茱萸主要含有环烯醚萜（如莫诺苷、马钱苷、獐牙菜苷、山茱萸苷）、鞣质（如山茱萸鞣质）等，具有调节免疫、降血糖、降血脂、抗失血性休克、抗炎杀菌等作用。

山茱萸果实

◆ **用法和禁忌**

山茱萸性温而不燥，补而不峻，补益肝肾既能益精，又可助阳，为平补阴阳之要药。配伍熟地、山药等，可用于治疗肝肾阴虚、头晕目眩、腰酸耳鸣等；与肉桂、附子等同用，可用治命门火衰、腰膝冷痛、小便不利等。山茱萸可补益肾经、固精缩尿，与熟地、山药等同用，可治肾虚精关不固导致的遗精、滑精等；与覆盆子、金樱子、桑螵蛸等同用，用治肾虚膀胱失约之遗尿、尿频等。山茱萸与熟地、白芍、当归等同用，用治妇女肝肾亏损、冲任不固之崩漏及月经过多。与人参、附子、龙骨等同用，则可用治大汗欲脱或久病虚脱。与生地黄、天花粉等同用，亦可治消渴证。

煎服用量5～10克，急救固脱20～30克，或入丸、散剂。素有湿热、小便淋涩者忌服。

五味子

五味了是木兰科植物五味子的干燥果实，习称北五味子。属敛肺涩肠药。始载于《神农本草经》。

◆ **产地和分布**

五味子主产于吉林、辽宁、黑龙江等省，河北、山西、内蒙古、河南等地亦有分布。多生长于半阴湿的山沟、灌木丛中。

秋季果实成熟时采摘，晒干或蒸后晒干，除去果梗和杂质。为《国家重点保护野生药材物种名录》中Ⅲ级保护品种。商品药材来自栽培和野生。

◆ **性状**

五味子呈不规则的球形或扁球形，直径 5～8 毫米。表面红色、紫红色或暗红色，皱缩，显油润，果肉柔软，有的表面呈黑红色或出现"白霜"。种子 1～2 粒，肾形，表面棕黄色，有光泽，种皮薄而脆。果肉气微，味酸；种子破碎后有香气，味辛、微苦。

五味子果实

◆ **药性和功用**

五味子味酸、甘，性温，归肺、心、肾经。具有收敛固涩、益气生津、补肾宁心之功，用于久咳虚喘、梦遗滑精、遗尿尿频、久泻不止、自汗盗汗、津伤口渴、内热消渴、心悸失眠。

◆ **成分和药理**

五味子主要含有木脂素（如五味子醇甲、五味子乙素、五味子酯甲）、挥发油（如 α- 恰米烯、α- 侧柏烯）、有机酸、多糖等，具有保护肝脏、抗氧化、调节中枢神经系统、镇咳、祛痰、强心、镇静、抗菌、抗癌等

五味子花

中药五味子

作用。

◆ 用法和禁忌

五味子温而不燥，阴虚阳虚均可应用。治疗肺虚久咳、上气喘急，以五味子敛耗散之气，配伍人参、白术补气；治疗肺肾两虚之喘咳，则与干地黄、山萸肉等补肾药配伍应用。配伍干姜、细辛等，用于治疗肺寒痰饮咳嗽以温肺化饮。与黄芪、浮小麦等固表敛汗药配伍，可用于治疗自汗盗汗、气虚自汗；与麦冬、生地黄等养阴滋液药配伍，可治疗阴虚盗汗。治疗心气不足之心悸失眠、多梦易惊，可与柏子仁、远志、茯苓等宁心安神药同用。五味子亦能下摄肾气，治疗肾虚遗精、滑精、遗尿，与山茱萸、金樱子、龙骨同用，共奏固肾涩精止遗之功；治疗肾虚久泻、五更肾泄，可与补骨脂、肉豆蔻、吴茱萸等温补脾肾药同用；治疗肾虚消渴，与补肾药配伍益肾生津止渴。治痰嗽宜生用，作滋补药宜炒熟用。

煎服用量 3 ～ 9 克，研末服用量 2 ～ 3 克。凡外有表邪、内有实热，以及咳嗽初起、痧疹初发者均应慎用。

南五味子

南五味子是木兰科植物华中五味子的干燥成熟果实。属敛肺涩肠药。始载于《神农本草经》。

◆ 产地和分布

华中五味子主产于中国陕西、甘肃、江西、湖北、湖南、四川、云南等省。多生长于湿润、肥沃、腐殖质层深厚的杂木林、林缘、山间灌丛处。

秋季果实成熟时采摘，晒干，除去
果梗和杂质。为《国家重点保护野生药材物种
名录》中Ⅲ级保护品种。商品药材主要来源于
野生。

华中五味子

◆ **性状**

南五味子呈球形或扁球形，直径 4～6 毫
米。表面棕红色至暗棕色，干瘪，皱缩，果肉
常紧贴于种子上。种子 1～2，肾形，表面棕
黄色，有光泽，种皮薄而脆。果肉气微，味微酸。

◆ **药性和功用**

南五味子味酸、甘，性温，归肺、心、肾经。具有收敛固涩、益气
生津、补肾宁心之功效，用于久咳虚喘、梦遗滑精、遗尿尿频、久泻不
止、自汗盗汗、津伤口渴、内热消渴、心悸失眠。

◆ **成分和药理**

南五味子主要含木脂素（如五味子醇甲、
五味子酯甲、五味子酯乙、安五脂素）、挥发
油（如花侧柏烯、罗汉柏烯）、三萜（如安五
酸、五味子酮酸、甘五酸）等，具有保护肝脏、
抗氧化、镇静等作用。

◆ **用法和禁忌**

南五味子温而不燥，不论阴虚阳虚都可应
用。治疗肺虚久咳、上气喘急，配伍人参、白术；

中药南五味子

治疗肺肾两虚之喘咳，则与干地黄、山萸肉等配伍。五味子亦可用于肺寒痰饮咳嗽，配伍干姜、细辛等以温肺化饮。治疗自汗盗汗、气虚自汗者，可与黄芪、浮小麦等固表敛汗药配伍；治疗阴虚盗汗者，可与麦冬、牛地黄等养阴滋液药配伍。五味子还可治疗心气不足之心悸失眠、多梦易惊，可与柏子仁、远志、茯苓等宁心安神药同用。五味子亦能下摄肾气，治疗肾虚遗精、滑精、遗尿，与山茱萸、金樱子、龙骨同用共奏固肾涩精止遗之功；治疗肾虚久泻、五更肾泄，可与补骨脂、肉豆蔻、吴茱萸等温补脾肾药配伍；治疗肾虚消渴，在补肾药中加入南五味子能益肾生津止渴。治痰嗽宜生用，作滋补药宜炒熟用。

煎服用量3～6克，研末服用量1～3克。凡外有表邪、内有实热，以及咳嗽初起、痧疹初发者均应慎用。

胡颓子叶

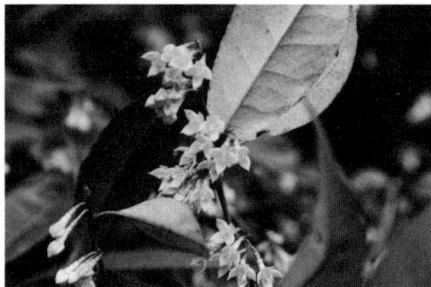

胡颓子花

胡颓子叶是胡颓子科植物胡颓子的叶。属止咳平喘药。始载于《本草纲目》。

◆ **产地和分布**

胡颓子产于中国陕西、江苏、浙江、江西等，日本也有分布。生长于向阳山坡或路旁。商品药材主要来自野生。

◆ **性状**

胡颓子叶呈椭圆形或阔椭圆形，稀矩圆形，长5～10厘米，宽

1.8 ～ 5 厘米，两端钝形或基部圆形，
边缘微反卷或皱波状，上面幼时具银
白色和少数褐色鳞片，成熟后脱落，
具光泽，干燥后褐绿色或褐色，下面
密被银白色和少数褐色鳞片。叶柄深
褐色，长 5 ～ 8 厘米。

◆ 药性和功用

胡颓子叶味酸、性平。具有敛肺平
喘止咳的功能，用于哮喘、肺虚短气等。

◆ 成分和药理

植物胡颓子

胡颓子叶主要含黄酮和生物碱等，
具有抗菌、降血糖、抗炎、镇痛、促进
肌肉松弛、抑制溃疡、提高免疫、抗癌
等作用。

◆ 用法和禁忌

胡颓子果实

胡颓子煎服用量 40 ～ 50 克，也可研末服；外用，捣敷或研末调敷。

胆　矾

胆矾是硫酸盐类矿物胆矾的晶体，或为人工制成的含水硫酸铜。属
涌吐药。始载于《神农本草经》。

◆ 产地和分布

天然胆矾主要产于中国西北等气候干燥地区的铜矿床的氧化带中。

主产于云南、山西，江西、广东、陕西、甘肃等地亦产。

◆ 性状

胆矾呈不规则斜方扁块状、棱柱状。表面不平坦，有的面具纵向纤维状纹理。蓝色或淡蓝色；条痕白色或淡蓝色。半透明至透明。玻璃样光泽。体较轻，硬度近于指甲；质脆，易砸碎。气无，味涩。

◆ 药性和功用

胆矾味酸、涩、辛，性寒，有毒，归肝、胆经。具有涌吐痰涎、解毒收湿、祛腐蚀疮之功，用于风痰壅塞、喉痹、癫痫、牙疳、口疮、烂弦风眼、痔疮、肿毒。

◆ 成分和药理

胆矾的主要成分为硫酸铜，通常是带 5 分子结晶水的蓝色结晶（$CuSO_4 \cdot 5H_2O$），具有利胆作用。

◆ 用法和禁忌

胆矾具有涌吐作用，能够涌吐风痰及毒物。与僵蚕配伍，研末，吹喉，可用治喉痹；单用研末，以温醋调下，可治风痰癫痫。外用可治口、眼诸窍火热之证。

温水化服 0.3 ～ 0.6 克，或入丸、散剂；外用适量，研末撒或调敷，或以水溶化后外洗。体虚者忌服。

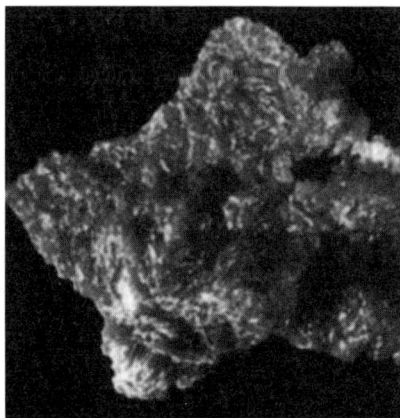

胆矾

硫　黄

硫黄是由自然元素类矿物硫族自然硫或用含硫矿物经加工制得的。属攻毒杀虫止痒药。始载于《神农本草经》。

◆ **产地和分布**

硫黄主产于中国山西、陕西、河南、山东、湖北、湖南、江苏、四川、广东、台湾等地。采挖后，加热熔化，除去杂质。商品药材主要来源于天然矿物。

◆ **性状**

硫黄呈不规则块状。黄色或略呈绿黄色。表面不平坦，呈脂肪光泽，常有多数小孔。用手握紧置于耳旁，可闻轻微的爆裂声。体轻，质松，易碎，断面常呈针状结晶形。有特异的臭气，味淡。

◆ **药性和功用**

硫黄味酸，性热，有毒，入肾、脾经。外用解毒杀虫疗疮，内服补火助阳通便；外治用于疥癣、秃疮、阴疽恶疮，内服用于阳痿足冷、虚喘冷哮、虚寒便秘。

◆ **成分和药理**

硫黄主要含硫，还有碲与硒，具有溶解角质、杀疥虫、杀菌、缓泻、消炎、镇咳、祛痰等作用。

◆ **用法和禁忌**

硫黄有解毒杀虫、燥湿止痒之功，是治疗疥疮的要药。可单用研末，以麻油调涂，也可与风化石灰、铅丹、轻粉研末，用猪油调涂。配伍补骨脂、鹿茸、蛇床子等，可用于治疗肾虚阳痿。配伍附子、肉桂、沉香，可用于肾不纳气之喘促等。配伍半夏，可用于虚冷便秘。

内服用量 1.5 ～ 3 克，炮制后入丸、散；外用研末撒，调敷或磨汁涂。阴虚火旺及孕妇忌服。

皂 矾

皂矾是硫酸盐类矿物水绿矾的矿石，成分为含水硫酸亚铁（$FeSO_4 \cdot 7H_2O$）。属攻毒杀虫止痒药。始载于《新修本草》。

◆ 产地和分布

水绿矾的矿石在中国广泛分布于干旱地区，含铁硫化物矿物（黄铁矿、磁黄铁矿等）的风化带。皂矾主产于山东、湖南、甘肃、新疆、陕西等地。采挖后，除去杂石。商品药材来源于天然矿物。

◆ 性状

皂矾为不规则碎块。浅绿色或黄绿色，半透明，具光泽，表面不平坦。质硬脆，断面具玻璃样光泽。有铁锈气，味先涩后微甜。

◆ 药性和功用

皂矾味酸，性凉，归肝、脾经。具有解毒燥湿、杀虫补血之功，用于黄肿胀满、疳积久痢、肠风便血、血虚萎黄、湿疮疥癣、喉痹口疮。

◆ 成分和药理

皂矾主要含硫酸亚铁（$FeSO_4 \cdot 7H_2O$），因产地不同常含有量比不同的杂质成分如铜、钙、镁、铝、锌、锰等，具有治疗缺铁性贫血、治疗溃疡等作用。

◆ 用法和禁忌

皂矾外用有解毒燥湿、杀虫止痒的功效。用去核的枣包皂矾煅研，用油调后外敷可治耳生烂疮；配伍雄黄、硼砂研末吹口，可治喉疮毒盛；配伍楝树子可治头癣。皂矾内服有燥湿、杀虫、补血的作用，配伍红枣、苍术、厚朴等，可治中满腹胀、黄疸。单品煅透研末可治钩虫病。

内服用量 0.8 ～ 1.6 克，多入丸、散剂；外用适量，研末撒或调敷为溶液涂洗。多服易引起呕吐腹痛，胃弱者慎服。

花蕊石

花蕊石是变质岩类岩石蛇纹石大理岩。属化瘀止血药。始载于《嘉祐本草》。

◆ 产地和分布

花蕊石主产于中国陕西、河南、河北、浙江、江苏、湖南、山西、山东、四川等地。全年可采，除去杂石及泥沙，洗净、干燥，砸成碎块用；或经火煅、研细后用。商品药材主要来自人工开采。

◆ 性状

花蕊石为粒状和致密块状的集合体，呈不规则的块状，具棱角，而不锋利。白色或浅灰白色，其中夹有点状或条状的蛇纹石，呈浅绿色或淡黄色，习称"彩晕"，对光观察有闪星状光泽。体重，质硬，不易破碎。气微，味淡。

◆ **药性和功用**

花蕊石味酸、涩，性平，归肝经。具有化瘀止血功能，用于咯血、吐血、外伤出血、跌扑伤痛。

◆ **成分和药理**

花蕊石主要含碳酸钙，以及其他含镁的碳酸盐、少量铁盐、铝盐和酸性不溶物，以及铜、钴和其他微量元素，具有抗惊厥、促进凝血等作用。

◆ **用法和禁忌**

花蕊石既能收敛止血，又能化瘀行血，适用于吐血、咯血、外伤出血等兼有瘀滞的各种出血之证。若治瘀滞吐血，可单用煅为细末，用酒或醋与童便调和服；治咯血，可与白及、血余炭等合用；治外伤出血，既可单味研末外敷，也可配硫黄，共研末外掺伤口。

煎服用量 10 ～ 15 克，包煎，研末吞服每次 1 ～ 1.5 克；外用适量，研末外搽或调敷。孕妇忌用。

金樱子

金樱子是蔷薇科植物金樱子的干燥成熟果实。属固精缩尿止带药。始载于《雷公炮炙论》。

◆ **产地和分布**

金樱子主要分布于中国江苏、湖北、广东、四川、重庆、贵州和云南等地。多生长于向阳的山野、田边、溪畔灌木丛中。

10 ～ 11 月果实成熟变红时采收，干燥，除去毛刺。商品药材主要来源于野生。

◆ **性状**

金樱子为花托发育而成的假果，呈倒卵形，长 2 ～ 3.5 厘米，直径 1 ～ 2 厘米。表面红黄色或红棕色，有突起的棕色小点，系毛刺脱落后的残基。顶端有盘状花萼残基，中央有黄色柱基，下部渐尖。质硬。切开后，花托壁厚 1 ～ 2 毫米，内有多数坚硬的小瘦果，内壁及瘦果均有淡黄色绒毛。气微，味甘、微涩。

◆ **药性和功用**

金樱子味酸、甘、涩，性平，归肾、膀胱、大肠经。具有固精缩尿、涩肠止泻之功，用于遗精滑精、遗尿尿频、崩漏带下、久泻久痢。

◆ **成分和药理**

金樱子主要含黄酮、甾体、有机酸、皂苷、糖类、鞣质等，具有减轻动脉粥样硬化、抗菌等作用。

◆ **用法和禁忌**

金樱子具有固精、缩尿、止带作用，常用于肾虚精关不固之遗精滑精、膀胱失约之遗尿尿频、带脉不束之带下过多。可单用熬膏服，亦可与芡实相须而用，或配伍菟丝子、补骨脂、海螵蛸等补肾固涩药同用。

植物金樱子　　　　　　金樱子果实　　　　　　中药金樱子

配伍党参、白术、芡实、五味子等，可用于治脾虚久泻久痢。

煎服用量 6 ～ 12 克。

罂粟壳

罂粟壳是罂粟科植物罂粟的干燥成熟果壳。属敛肺涩肠药。始载于《开宝本草》。

◆ 产地和分布

罂粟在中国由国家有关部门指定的专门种植场栽培供药用。

秋季将成熟果实或已割取浆汁后的成熟果实摘下，破开，除去种子和枝梗，干燥。商品药材主要为栽培品。

◆ 性状

罂粟壳呈椭圆形或瓶状卵形，多已破碎成片状，直径 1.5 ～ 5 厘米，长 3 ～ 7 厘米。外表面黄白色、浅棕色至淡紫色，平滑，略有光泽，无

植物罂粟

罂粟植株

割痕或有纵向或横向的割痕；顶端有 6 ～ 14 条放射状排列呈圆盘状的残留柱头；基部有短柄。内表面淡黄色，微有光泽；有纵向排列的假隔膜，棕黄色，上面密布略突起的棕褐色小点。体轻，质脆。气微清香，味微苦。

◆ 药性和功用

罂粟壳味酸、涩，性平，有毒，归肺、大肠、肾经。具有敛肺、涩肠、止痛之功，用于久咳、久泻、脱肛、脘腹疼痛。

◆ 成分和药理

罂粟壳主要含生物碱（吗啡、可待因、蒂巴因、那可汀、罂粟碱、罂粟壳碱等）、单糖（景天庚糖、D- 甘露庚酮糖）、内消旋肌醇及赤藓醇等，具有镇痛、催眠、止咳等作用。

◆ 用法和禁忌

罂粟壳能固肠道、涩滑脱，用于久泻久痢等。与诃子、陈皮、砂仁等同用，可用治脾虚久泻不止；与肉豆蔻等同用，可用治脾虚中寒久痢不止。罂粟壳还有很强的敛肺气止咳逆作用，配伍乌梅肉可用于肺虚久咳不止。

煎服用量 3 ～ 6 克。咳嗽、泻痢初起，或久痢积滞未消者慎服。易成瘾，不宜常服；儿童禁用。

石榴皮

石榴皮是石榴科植物石榴的干燥果皮。属敛肺涩肠药。始载于《名医别录》。

◆ **产地和分布**

石榴在中国大部分地区有分布。生长于山坡向阳处或栽培于庭园。秋季果实成熟后收集果皮，晒干。商品药材多来源于栽培。

◆ **性状**

石榴皮呈不规则的片状或瓢状，大小不一，厚1.5～3毫米。外表面红棕色、棕黄色或暗棕色，略有光泽，粗糙，有多数疣状突起，有的有突起的筒状宿萼及粗短果梗或果梗痕。内表面黄色或红棕色，有隆起呈网状的果蒂残痕。质硬而脆，断面黄色，略显颗粒状。气微，味苦涩。

◆ **药性和功用**

石榴皮味酸、涩，性温，归大肠经。具有涩肠止泻、止血、驱虫之功，用于久泻、久痢、便血、脱肛、崩漏、带下、虫积腹痛。

◆ **成分和药理**

石榴皮主要含鞣质（榴皮苦素A、B，石榴皮鞣质，2,3-O-连二没食了酰石榴皮鞣质）、有机酸、生物碱（石榴皮碱、异石榴皮碱、伪石

石榴

榴皮碱、N-甲基异石榴皮碱）、黄酮等，具有抗胃溃疡、抗菌、抗病毒、调节免疫、抗氧化等作用。

◆ **用法和禁忌**

石榴皮能涩肠道、止泻痢，为治久泻久痢的常用药。可单用煎服，也可配伍党参、黄芪、升麻等，用于治久泻久痢至脱肛。石榴皮有杀虫作用，可与槟榔、使君子等配伍使用。石榴皮能收敛止血，与当归、阿胶、艾叶炭等同用，用于治疗崩漏及妊娠下血不止；配伍地榆、槐花等，用于治疗便血。止血多炒炭用。

煎服用量 3～10 克，入丸、散剂多炒用。

石榴花

石榴花是石榴科植物石榴的干燥花瓣。也有文献记载以花朵入药。药材维吾尔语音译名"阿那尔古丽""古丽那尔""朱来那尔""阿那尔克坡里"等。维吾尔族医学常用特色药材。

维医药文献《注医典》《回回药方三十六卷》《白色宫殿》《拜地依药书》等中有记载。《中华人民共和国卫生部药品标准·维吾尔药分册》中有收载。《拜地依药书》记载一般以"不结果实的雄石榴花朵"入药。维吾尔医还分别药用石榴的果实（酸味果实称"酸石榴"，甜味果实称"甜石榴"）、果皮、种子等，其功能主治有所不同。

◆ **产地**

石榴为著名水果，原产巴尔干半岛至伊朗及其邻近地区，全世界温带、热带地区均有种植。中国汉代时即有引种栽培，《齐民要术》即有栽培记载，中医药古籍《图经本草》和《本草纲目》还记载有不同的（栽培）品种。夏季盛花期采集开放的花朵（花瓣），晒干。

◆ **性状**

药材（干燥花）多皱缩，有的破碎，压扁，完整者以水湿润后展开，花朵全体呈狭钟状，长 3～5 厘米，直径 3～4 厘米；花萼筒钟状，革质，红色，顶端 6 裂；花瓣 6，完整者展平后呈卵形或卵圆形，鲜红色或暗红色，有羽状网脉，边缘微波状，具疏而浅的钝锯齿，质地柔软皱缩；雄蕊多数，花药黄色。气微，味微酸而涩。

石榴花

◆ **性味和功用**

石榴花为二级干寒，味酸、涩。功能收敛止泻、止汗止血，用于腹泻日久；外用于出血不止，口古生疮，脱肛，痔疮，口臭牙痛，牙龈红肿、溃疡，皮肤瘙痒。

◆ **成分**

含没食子酸、儿茶素、石榴酸、芦丁、芹菜素、芹菜素 -7-O- 葡萄糖苷、苜蓿素等多酚类成分；3- 糖醛、甲基氨基甲酸邻仲丁基苯基酯、α- 荜澄茄油烯、榄香烯、石竹烯、愈创木烯、长叶烯醛等挥发油类；2S,3S,4S- 三羟基戊酸、棕榈酸等有机酸类；此外，还含有齐墩果酸、熊果酸、胡萝卜苷等。

◆ **药理**

石榴花的乙醇提取物对 II 型糖尿病氧化损伤具有抗氧化效应，对糖尿病大鼠的血管内皮具有保护作用。石榴花多酚的提取物对胰岛素抵抗大鼠有较好的改善作用；对 II 型糖尿病伴高血脂大鼠的肝脏有一定的保护作用；对糖尿病和肥胖引发的脂肪肝具有保护作用。对醋酸致痛小鼠模型有明显的镇痛作用，对角叉菜胶所致鼠足肿胀动物模型有明显的抗炎作用。

◆ **应用**

《注医典》记载石榴花固涩、提肌等，用于各种漏症、脱肛等；《白色宫殿》云石榴花疗肠道溃疡、咳血、各种溃疡等；《药物之园》言能燥湿，止痔疮出血，祛风止痒，芳香除臭，防炎肿恶化等。石榴花性寒，酸涩而收敛，维吾尔医临床主要用于湿热性或血液质性疾病，单味或入复方使用。如石榴花单味煎汤内服用于腹泻痢疾、咳血、各种溃疡、牙龈溃疡、疝气、痔疮出血、经水过多等；以石榴花为主药的"止血开日瓦片"，功能收敛、止血、止泻，用于异常体液质所致的各种出血症，如胃肠出血、便血、尿血、慢性腹泻；以石榴花为主药制成的"苏努尼古丽那尔牙粉"，功能收敛止血、清热消炎、除腐固牙、芳香除臭，用于牙龈红肿、出血、溃疡、牙齿松动、口腔溃疡、口臭；配伍有石榴花的"玛木然止泻胶囊"，功能清除败血、降解异常胆液质过盛、止泻，用于腹痛泻痢、呕恶、消化不良；用量：内服 3～6 克，外用适量；或入汤剂、散剂、牙粉、敷剂、漱口剂等。

◆ **禁忌**

维医认为石榴花用量过多或长期服用可引起阻塞，导致头痛，可以西黄芪胶矫正。

五倍子

五倍子是漆树科植物盐肤木、青麸杨或红麸杨叶上的虫瘿，主要由五倍子蚜寄生而形成。按外形不同，分为"肚倍"和"角倍"。属敛肺涩肠药。始载于《本草拾遗》。

◆ 产地和分布

五倍子在中国的主要产地集中分布于秦岭、大巴山、武当山、巫山、武陵山、峨眉山等山区和丘陵地带，主产于四川。角倍类五倍子主产于贵州、四川等，肚倍类五倍子主产于湖北、陕西等地。

秋季采摘，置沸水中略煮或蒸至表面呈灰色，杀死蚜虫，取出，干燥。商品药材主要来源于栽培。

◆ 性状

五倍子的肚倍呈长圆形或纺锤形囊状，长2.5～9厘米，直径1.5～4

五倍子

厘米。表面灰褐色或灰棕色，微有柔毛。质硬而脆，易破碎，断面角质样，有光泽，壁厚0.2～0.3厘米，内壁平滑，有黑褐色死蚜虫及灰色粉状排泄物。气特异，味涩。

五倍子的角倍呈菱形，具不规则的钝角状分枝，柔毛较明显，壁较薄。

◆ 药性和功用

五倍子味酸、涩，性寒，归肺、大肠、肾经。具有敛肺降火、涩肠止泻、敛汗、止血、收湿敛疮之功，用于肺虚久咳、肺热痰嗽、久泻久痢、自汗盗汗、消渴、便血痔血、外伤出血、痈肿疮毒、皮肤湿烂。

◆ 成分和药理

五倍子主要含五倍子鞣酸，具有收敛作用、抗菌、杀精、抗肿瘤、抗氧化等作用。

◆ 用法和禁忌

五倍子酸涩收敛，性寒清降，既能敛肺止咳，又能清肺降火，可用于治疗久咳及肺热咳嗽。与五味子、罂粟壳等同用，可用于治疗肺虚久咳；与瓜蒌、黄芩、贝母等同用，可用于治疗肺热痰咳；与藕节、白及等同用，可用于治疗热灼肺络、咳嗽咳血。五倍子有涩肠止泻之功，与诃子、五味子等同用，可治久泻久痢。五倍子还能涩精止遗，可与龙骨、茯苓等同用，用于治虚劳遗浊。

煎服用量 3 ～ 9 克，也可入丸、散剂，每次 1 ～ 1.5 克；外用适量，研末外敷或煎汤熏洗。湿热泻痢者忌用。

马齿苋

马齿苋是马齿苋科植物马齿苋的干燥地上部分。属清热解毒药。又名蚂蚱菜、长命菜。始载于《本草经集注》。

◆ **产地和分布**

马齿苋在中国南北各地均产。喜肥沃土壤，耐旱亦耐涝，生命力强，生于菜园、农田、路旁，为田间常见杂草。广布全世界温带和热带地区。

夏、秋二季采收，除去残根和杂质，洗净，略蒸或烫后晒干。商品药材主要来自野生。

◆ **性状**

马齿苋多皱缩卷曲，常结成团。茎圆柱形，长可达30厘米，直径0.1～0.2厘米，表面黄褐色，有明显纵沟纹。叶对生或互生，易破碎，完整叶片倒卵形，长1～2.5厘米，宽0.5～1.5厘米；绿褐色，先端钝平或微缺，全缘。花小，3～5朵生于枝端，花瓣5，黄色。蒴果圆锥形，长约5毫米，内含多数细小种子。气微，味微酸。

◆ **药性和功用**

马齿苋味酸，性寒，归肝、大肠经。具有清热解毒、凉血止血、止痢功能，用于热毒血痢、痈肿疔疮、湿疹、丹毒、蛇虫咬伤、便血、痔血、崩漏下血。

植物马齿苋

◆ **成分和药理**

马齿苋主要含有机酸、黄酮、萜类、生物碱、香豆素、甾体类、花色苷类、多糖等类化学成分，具有抗菌、抗病毒、抗肿瘤、增强免疫、降血糖血脂、抗衰老、抗氧化等作用。

◆ **用法和禁忌**

马齿苋有凉血止痢之功，为治痢疾的常用药物，水煎服即有效，还可与粳米煮粥，空腹服食，治疗热毒血痢，或单用鲜品捣汁入蜜调服，治疗产后血痢。用治大

马齿苋根

肠湿热、腹痛泄泻，或下利脓血、里急后重者，可与黄芩、黄连等药配伍。用治血热毒盛、痈肿疮疡、丹毒肿痛，可煎汤内服并外洗，再以鲜品捣烂外敷，也可与其他清热解毒药配伍使用。用治血热妄行、崩漏下血，可用单味药捣汁服。若用治大肠湿热、便血痔血，可与地榆、槐角、凤尾草等同用。此外，还可用于湿热淋证、带下等。

煎服用量 9 ～ 15 克，鲜品 30 ～ 60 克；外用适量，捣敷患处。脾胃虚寒，肠滑作泄者忌服。

醋炙法

醋炙法是指净选或切制后的药物中加入一定量米醋拌炒的炮制方法。又称醋炒、醋制。醋味酸苦、性温，主入肝经血分，具有收敛、解

毒、散瘀止痛、矫味的作用。适用于炮制疏肝解郁、散瘀止痛、攻下逐水的药物。醋炙常用米醋，以存放陈久者为佳。

醋炙的操作方法：①先拌醋后炒药，将净选或切制后的药物加入一定量米醋拌匀，放置闷润，待醋被吸尽后，用文火炒至一定程度，取出摊晾，筛去碎屑。一般药物均用此法。②先炒药后加醋，先将净选后的药物，置炒制容器内，炒至表面熔化发亮或颜色改变、有腥气溢出时，喷洒一定量米醋，炒至微干，出锅后继续翻动，摊开晾干。此法多用于树脂类、动物粪便类药。醋的用量一般为100千克药物，用米醋20～30千克，最多不超过50千克。

醋炙的目的：①引药入肝，增强活血化瘀及疏肝止痛的作用，如乳香、没药、延胡索、五灵脂等活血化瘀止痛药及柴胡、香附、青皮等疏肝解郁止痛药均多用醋炒；②降低毒性、缓和药性，如甘遂、大戟、芫花等毒性强烈的药物，均用醋炙；③矫臭矫味，五灵脂、乳香、没药用醋炙后可掩盖腥臭刺鼻气味，以便于服用。

醋制入肝

醋制入肝是中药炮制理论的内容之一。中药加醋共同炮制后，能引药入肝经，增强散瘀止痛、疏肝行气的功效。醋炙法的主要炮制目的之一。

醋制入肝源于明代陈嘉谟在《本草蒙筌》中总结的"醋制注肝经且资住痛"，即指中药经过醋炮制可以引药入肝经、增强止痛的作用。

醋味酸苦、性温，主入肝经血分，具有收敛散瘀止痛作用，故含生物碱类成分的中药常以醋为辅料进行炮制，以利于有效成分的溶出，增强疗效。比如，乳香、没药、三棱、莪术等经醋炙后可增强活血散瘀的作用，柴胡、香附、青皮、延胡索等经醋炙后可增强疏肝理气止痛的作用。现代研究认为，延胡索经醋制后，生物碱与醋酸结合成醋酸盐，增加了在水中的溶解度，因此增强了止痛效果。

本书编著者名单

编著者 （按姓氏笔画排列）

马　建	王　东	王印政	王丽芝	王锦秀
方金豹	叶兴乾	叶清华	田代科	吕才有
朱加进	乔延江	任玉岭	向　丽	刘学波
许勇泉	严宣申	李　迅	李　玥	李锡香
李燕萍	杨生超	肖小河	肖建忠	吴　昊
余　强	张　村	张　滂	张应华	张秋香
陆德培	陈　晟	陈清西	欧阳亮	孟祥河
胡志刚	胡晓波	柳国霞	钟国跃	钟彩虹
徐　勇	高　月	高志红	陶雪莹	黄　宪
黄仲华	黄坚钦	彭　珍	彭珍荣	童毅华
曾茂茂	熊　涛	樊卫国		